기후 변화에 대해 우리가 아는 것들

What We Know about Climate Change (Updated Edition)
by Kerry Emanuel with a new foreword by Bob Inglis

Copyright © 2018 Massachusetts Institute of Technology
Korean Translation Copyright © 2021 HV SIMUL
All rights reserved.

This Korean edition was published by arrangement with The MIT Press through KCC(Korea Copyright Center Inc.), Seoul.

이 책의 한국어판 저작권은 (주)한국저작권센터(KCC)를 통한 저작권자와의 독점 계약으로 에이치브이시뮬에 있습니다. 저작권법에 의해 한국 내에서 보호를 받는 저작물이므로 무단 전재와 복제를 금합니다.

What We Know about Climate Change
Updated Edition

기후 변화에 대해 우리가 아는 것들

케리 엠마누엘 지음 · 에이치브이시뮬 편집부 옮김

HV SIMUL

차례

추천의 글 7
서문 11

1 자연의 안정성에 대한 근거 없는 믿음 15
2 온실 효과 25
3 기후 문제는 왜 어려운가 35
4 인류의 영향은 어느 정도인가 49
5 어떤 결과들이 나타날 것인가 61
6 기후 과학을 알리기 73
7 우리가 선택할 수 있는 방안들 83
8 지구의 기후 변화를 둘러싼 정치 95

옮긴이의 말 105
주 107
더 읽을 자료 111

추천의 글

밥 잉글리스

나는 언젠가 나와 믿음을 공유하는 친구와 사이가 안 좋아진 적이 있었다. 우리는 기후 변화에 대한 과학을 기념해야 한다고 내가 친구에게 말했을 때였다.

친구는 "잠깐, 과학을 '기념하기'에 대해 난 잘 모르겠어. 그건 너무 지나쳐."라고 반대했다.

나는 케리 엠마누엘 교수가 쓴 이 책을 친구에게 보낼 것이다. 친구는 이 책을 읽으면 틀림없이 기후 과학을 기념하게 될 것이다.

멋지게 그리고 이해하기 쉽게 저술된 이 책에서, 엠마누엘 교수는 과학에 대한 아주 멋진 논평으로 우리를 안내한다. 엠마누엘 교수와 같은 과학자들의 훌륭한 연구들을 통해서 밝혀진 사실들을 접하는 것은 아주 멋진 일이다. 그럼에도 불구하고, 그는 "우리가 무지하다는 생각에 우리는 겸손해진다."라고 거리낌 없이 인정한다. 우리가 알게 될 것들보다 알아야 할 것들이 더 많고, 불확실성은 항상 새로운 발견들로 이어질 것이다.

엠마누엘 교수는 동료 과학자들에 대해 다음과 같이 말한다.

"대부분의 과학자들은 자연을 이해하고자 하는 열정으로 연구하고, 그러한 열정은 과학자들로 하여금 그들이 지지하는 과학적 견해에 대하여 공평무사하도록 만든다. 당파적 성향은 그것의 근원이 무엇이든 동료 과학자들에 의해 발견될 것이고 과학자들이 진정으로 확보해야 하는 과학자들에 대한 신뢰성을 떨어뜨릴 것이다."

엠마누엘 교수는 우리 대중에 대해 정확하게 알고 있다.

"과학에 대해 잘 모르는 사람들을 우리가 계속해서 선출하고 임명하는 한, 정책 수준에서 지적인 토론을 하고자 하는 우리의 의지는 좌절될 것이다."

기후 변화의 위험은 그에 잘 대처하는 세대에게 고결함을 제공하는 것을 수반한다. 엠마누엘 교수가 지적하는 것처럼, "손주들 또는 그들의 자손들을 위해 의식적으로 희생을 감수하는 문명사회에 대한 역사적인 사례는 설사 있다고 하더라도 거의 없다." 우리는 그 통칙에 대한 아주 멋진

추천의 글

예외가 될 기회를 가지고 있다.

미국 하원의원 (R-SC4, 1993~1999 그리고 2005~2011)
상임이사, republicEn.org

서문

십여 년 전에 이 책의 초판이 발행된 이후, 기후 과학은 계속해서 중요하고 폭넓은 진전을 이루었지만 기후 변화의 징후들은 더욱 더 현저해졌고 걱정스러워졌다. 지구의 평균 표면 온도에 대한 지난 136년 동안의 기록을 살펴보면, 온도가 가장 높았던 17번 가운데 16번이 2001년 이후에 일어났고 2016년이 기록상 가장 더웠던 해였다. 이산화탄소 농도는 계속해서 거침없이 증가하여 지금은 400ppm을 넘어섰는데, 이는 지난 수백만 년 동안 최고 수준에 해당한다. 해수면도 계속해서 높아지고 있고, 온실가스 배출을 줄이는 진정한 조치가 없다면 금세기 말까지 1~3피트 더 높아져 많은 해안 거주 지역들이 위험해질 것으로 예상되고 있다. 2013년에 필리핀에 큰 피해를 입힌 슈퍼태풍 하이옌은 열대성 저기압의 최대 풍속 부문에서 세계 신기록을 세웠고, 이 기록은 단지 2년 후 동태평양에서 발생한 허리케인 퍼트리샤에 의해서 깨졌다. 지난 10년 동안 일어

기후 변화에 대해 우리가 아는 것들

난 유례를 찾아보기 힘든 폭염, 산불, 가뭄 그리고 홍수 가운데 일부는 인류에 의해 발생한 기후 변화가 원인인 것으로 공식적으로 알려졌다. 기후 변화로 인한 물과 식량의 부족이 이주의 증가로 이어지고 결국 무력 충돌을 유발하거나 악화시키기 때문에, 국가 안전을 책임지고 있는 미국 국방부 등은 기후 변화를 국가 안보의 큰 위협 요소로 보고 있다.

하지만 세계적으로 기후 문제에 맞설 준비를 천천히 하고 있는 것 같아서 다행스럽다. 2017년 퓨 연구센터가 세계적으로 실시한 설문 조사에서 기후 변화는 이슬람 무장 단체 IS 다음으로 세계를 크게 위협하는 문제로 꼽혔다. 2017년 기준으로 195개 국가가 파리 협정에 가입하였다. 파리 협정은 산업화 이후 지구 온도의 상승이 2℃를 넘지 않도록 하는 것을 목표로 한다.

안타깝게도 우리는 기후 변화를 다루기 위해서 이보 전진할 때마다 일보 후퇴를 고집한다. 2017년 미국은 파리 협정 탈퇴를 선언하였다. 그 결과, 미국은 태양광, 풍력, 원자력 등의 무탄소 에너지 측면에서 국제 리더십과 6조 달러 규모의 미래 세계 시장을 중국에게 넘겨주었다. 중국은 태양광, 풍력 등의 재생 에너지 기술의 주요 생산국이고

서문

원자력 등의 무탄소 에너지원 개발을 이끌고 있다. 그리고 독일은 재생 에너지를 기적에 가까울 정도로 늘려서 탄소를 배출하는 석탄뿐만 아니라 무탄소 에너지인 원자력까지 대체하였다. 결과적으로 미래의 기후 변화에 대한 우려뿐만 아니라 원자력에 대한 두려움까지 해소시켰다.

이번 제3판에서는 제2판이 나온 2012년 이후 일어난 기후 변화를 추가로 기록하고 기후 과학과 기후 정치의 상태에 대하여 최신 정보로 바꾸었다. 초판과 제2판에서처럼, 이번 제3판에서도 기후 변화의 증거들을 나열하기보다는 기후 과학에 대하여 폭넓게 그리고 읽기 쉽게 기술하고자 하였다. 기후 변화에 대해 보다 폭넓게 알고자 하는 독자들을 위하여 책의 말미에 추가 자료 목록을 새로이 덧붙였다.

1 자연의 안정성에 대한 근거 없는 믿음

The Myth of Natural Stability

인류의 역사를 통틀어 자연환경에 대한 철학은 크게 두 부류로 나눌 수 있다. 첫 번째 부류에 따르면, 불변의 지구를 중심으로 태양, 달 그리고 별들이 예측 가능하게 공전하고 있는 우주의 자연 상태는 무한한 안정성을 가지고 있다. 이러한 믿음에 이의를 제기했던 모든 과학 혁명은, 코페르니쿠스의 지동설부터 허블의 우주 팽창설까지 그리고 베게너의 대륙 이동설부터 하이젠베르크의 불확정성 원리와 로렌츠의 혼돈 이론까지, 당시 주도권을 잡고 있던 종교계, 정치권, 그리고 심지어 과학계로부터 격렬한 저항을 받았다.

두 번째 부류에 따르면, 우주의 자연 상태는 안정되어 있지만 인간이 불안정하게 만든다. 대홍수는 많은 종교들에서 신이 인간의 타락을 심판하기 위한 수단으로 묘사된다. 우주의 질서를 벗어난 유성, 혜성 등도 자연 현상으로 보는 경우보다 징조로 여겨지는 경우가 더 많았다. 그리스

기후 변화에 대해 우리가 아는 것들

　신화에서 아프리카의 지독한 더위와 아프리카인의 검은 피부는 태양신 헬리오스의 아들인 파에톤에 의한 것으로 묘사된다. 헬리오스는 아들 파에톤을 처음 만난 기쁨에 무슨 소원이든 들어주겠다고 성급하게 맹세했는데, 파에톤은 아버지 헬리오스의 태양마차를 몰게 해달라고 간청한다. 태양마차를 몰게 된 파에톤은 태양신만이 몰 수 있는 태양마차를 감당할 수 없어서 지구는 재앙에 휩싸였고, 파에톤은 제우스의 번개를 맞고 태양마차에서 추락한다.
　우주의 안정된 질서와 인간에 의한 질서의 파괴라는 이러한 두 가지의 기본 이념들은 역사적으로 많은 문화들에 퍼졌고, 심지어 오늘날에도 기후 변화를 바라보는 시각에 큰 영향을 준다.
　1837년 루이스 애거시즈는 암석의 기이한 긁힌 자국, 기반암으로부터 멀리 떨어져 있는 둥근 바위 등 수수께끼 같은 많은 지질학적 기록들이 거대한 대륙 빙하의 확장과 축소로 설명될 수 있다고 제안했는데, 그의 제안은 사람들의 격렬한 반응과 학계의 비웃음을 불러일으켰다. 하지만 그의 제안으로부터 오늘날 고기후학이라고 불리는 주목할 만한 연구 분야가 시작되었다.
　고기후학에서는 지질학적 기록에 있는 물리적 증거와

자연의 안정성에 대한 근거 없는 믿음

화학적 증거를 이용하여 지질학적 시간에 따른 지구 기후의 변화를 추정한다. 우리 시대에서 가장 대단하지만 가장 잘 알려지지 않은 과학적 진보들 중에 고기후학 분야의 연구 결과들이 있다. 그 연구 결과들 덕분에, 우리는 지난 수백만 년 동안 기후가 어떻게 변해왔는가에 대하여 상세하게 알게 되었고 45억 년 나이의 지구에서 가장 오래된 암석의 시기에 기후가 어떠했는지에 대해서도 상세성과 정확성은 떨어지지만 알게 되었다.

이와 같은 기후의 역사를 살펴보면, 자연의 안정성에 대한 사람들의 믿음은 깨진다. 고작 지난 300만 년 동안, 지구의 기후는 간빙기와 빙하기 사이를 시계추처럼 왔다갔다했다. 간빙기의 기후는 오늘날처럼 온화했고 1만~2만 년 동안 지속되었다. 반면에 8만여 년 동안 지속된 빙하기에는, 거대한 대륙 빙하가 북반구의 대륙을 뒤덮었는데 그 두께가 10킬로미터 정도에 달하는 곳들도 있었다. 우리를 더욱더 불안하게 하는 것은 지구의 기후가 갑자기 변할 수 있다는 점이다. 이러한 기후의 급변은 특히 혹독한 빙하기로부터 온화한 간빙기로 회복할 때 두드러졌다.

더 오랜 기간을 살펴보면, 지구의 기후는 훨씬 더 급격하게 변했다. 약 5천만 년 전 신생대 에오세 초기에는 지

기후 변화에 대해 우리가 아는 것들

구에 빙하가 없었고 북극 근처에 있는 섬들의 연평균 온도가 섭씨 영상 16도 정도로 오늘날 약 영하 1도보다 훨씬 높아서 거대한 나무들이 자랐다고 한다. 또한 몇몇 연구 결과들에 따르면, 지구는 5억 년 전쯤 여러 번 빙하에 의하여 거의 완전히 뒤덮였다고 한다. 이러한 "눈덩이 지구"는 이례적으로 더운 지구와 번갈아 가며 나타났다.

이러한 과거 지구의 기후 변화는 무엇을 통해서 알게 되었을까? 그린란드와 남극 대륙의 빙하 코어는 기후 과학자들에게 지난 3백만 년 동안에 일어난 빙하기-간빙기 순환에 대한 아주 흥미로운 정보를 제공해 준다. 빙하가 형성될 때 대기 중의 공기가 기포의 형태로 빙하 속에 갇혔는데, 이를 분석하면 빙하가 형성된 당시 공기의 화학적 구성, 가령 이산화탄소와 메탄의 양을 알 수 있다. 더욱이 얼음 분자를 구성하는 산소의 두 가지 동위 원소들의 비율을 통해서 빙하가 형성된 시간과 장소에서의 기온을 알 수 있다. 그리고 빙하의 나이는 눈이 내리고 녹는 계절적 순환을 나타내는 층의 개수를 세면 알 수 있다.

빙하 코어에 대한 이러한 분석들과 심해 퇴적물 코어에 대한 비슷한 분석들을 통해서, 과학자들은 지난 3백만 년 동안의 빙하기-간빙기 순환이 거의 틀림없이 지구의 공전

자연의 안정성에 대한 근거 없는 믿음

궤도와 자전의 주기적인 진동에 의한 것이라는 놀라운 사실을 알아냈다. 이러한 진동은 지구 전체에 도달하는 햇빛의 '총량'에는 큰 영향을 끼치지 못하지만, 지구 자전축의 방향을 바꿈으로써 위도에 따른 햇빛의 '분포'를 바꾼다. 결과적으로 여름철 북극 지역에 도달하는 햇빛이 상대적으로 거의 없어서 얼음과 눈이 거의 녹지 못할 때, 빙하기가 일어난다.

이와 같이 공전 궤도의 변화는 빙하기를 초래했다. 큰 기후 변화에 해당하는 빙하기-간빙기 순환이 위도에 따른 햇빛 분포의 상대적으로 작은 변화 때문에 일어났다는 사실은 우리를 혼란스럽게 만든다. 결론적으로, 빙하기-간빙기 순환의 시간적 규모에서 지구의 기후는 햇빛 분포의 작은 변화에도 민감하게 반응하는 것 같다.

이러한 기후의 민감도에도 불구하고, 지구가 영원히 불덩이 또는 얼음덩이처럼 되는 참사는 일어나지 않았다. 지구가 불덩이처럼 되는 시나리오는 다음과 같다. 지구가 따뜻해질수록, 수증기가 지구 대기에 늘어난다. 또한 가장 강력한 온실가스인 수증기가 대기 안에 늘어날수록, 보다 많은 열이 대기에 갇히게 되고 결국 지구의 온도는 급격하게 증가할 것이다. 폭주 온실 효과라고 불리는 이와 같이 걷

기후 변화에 대해 우리가 아는 것들

잡을 수 없는 피드백은 계속되어서 바닷물이 모두 수증기로 증발하고, 지구는 견딜 수 없게 뜨거워질 것이다. 금성을 보면 이러한 시나리오의 결말을 알 수 있다. 금성에 존재했을 것으로 추측되는 바다는 아주 오래전에 모두 증발했고, 금성은 섭씨 500도에 가까운 평균 표면 온도를 가진 온실 지옥이 되었다.

 이번에는 지구가 얼음덩이가 되는 시나리오를 살펴보자. 눈과 빙하로 뒤덮인 곳이 적도 쪽으로 점점 확장되면, 보다 많은 햇빛이 눈과 빙하에 의해서 지구 밖으로 반사되어서 지구의 온도는 내려가게 된다. 이 과정은 반복되어 결국 지구는 눈덩이가 되고 만다. 앞에서 살펴본 것처럼, 5억 년 전쯤 여러 번 눈덩이 지구가 실현되었다는 증거들이 있다. 예전에 추측된 바로는, 행성은 일단 얼음덩이로 변하면 햇빛을 거의 대부분 반사하게 되고 결국 원래 상태로 회복될 수 없다. 하지만 최근에 제시된 이론에 따르면, 해양 없이는 화산이 계속 내뿜는 이산화탄소를 흡수하지 못하기 때문에 대기 중 이산화탄소 농도가 높아지게 되고 결국 온실 효과가 충분히 강해져서 빙하가 녹기 시작한다. 빙하로 뒤덮인 지역이 줄어들면, 반사되지 않고 흡수되는 햇빛의 양이 증가할 것이다. 결국 빙하는 급속하게 녹고

자연의 안정성에 대한 근거 없는 믿음

얼마 지나지 않아서 온실에서처럼 따뜻한 기후가 될 것이다. 지금까지 살펴본 두 시나리오에서는, 지구에 도달하는 햇빛의 양에 있어서 작은 변화도 불씨가 되어 눈덩이 지구나 폭주 온실과 같은 참사가 일어날 수 있다.

지구의 역사 초기에 태양의 밝기는 지금보다 25퍼센트 정도 약했다는 태양 물리학적 사실을 감안하면 그 시대의 지구는 빙하로 뒤덮여 있었어야 하지만, 이는 그 시대의 지질학적 증거에 의해 뒷받침되지 않는다. 그렇다면 지구가 얼음덩이처럼 되는 참사를 막아준 것은 무엇일까?

아마도 생명체 스스로 해낸 일이 아닐까? 지구의 초기 대기는 화산들이 내뿜은 기체들로 구성된 것으로 추측되는데, 화산 가스의 구성은 오늘날 공기의 구성과 비슷한 점이 거의 없다. 우리가 믿는 바로는, 초기 대기는 주로 수증기, 이산화탄소, 이산화황, 염소 그리고 질소로 구성되었다. 남세균이 출현하기 전에 산소가 많았다는 증거가 거의 없다. 독립된 하나의 문을 형성하는 남세균은 광합성을 통해서 산소를 생성하는 등 대기의 구성을 바꾸기 시작했고, 결국 오늘날의 대기는 주로 질소와 산소로 구성되어 있고 아주 적은 양의 수증기, 이산화탄소 등도 포함하고 있다. 생물학적 과정의 도움을 받은 화학적 풍화 작용, 다시 말해서 빗물과 암석 사이에 일어나는 화학 반응에 의해서 대기 중 이산화탄소의 양은 아마도 천천히 감소했을 것이다. 대기의 구성이 바뀜에 따라 온실 효과도 약해졌고, 약해진 온실 효과는 느리지만 꾸준히 밝아지는 태양에 의한 효과를 상쇄했다.

이러한 상쇄는 우연히 일어나지 않았을 것이다. 1960년대에 제임스 러브록은 생명체가 스스로에게 유리한 피드백을 통해서 실제로 기후를 안정시킨다는 가설을 제안하였다. 이 가설은 그리스 신화에 나오는 지구 여신의 이름을 따서 가이아 가설이라고 불렸다. 하지만 심지어 이러한 가설에 따르더라도, 생명체는 가장 넓은 의미에서만 보존된다. 예를 들어서, 초기 대기의 구성을 바꾼 남세균과 같은 각각의 종은 스스로를 위험에 빠뜨림에도 불구하고 자연환경을 변화시켰다.

분명히 생명체는 지구의 기후를 크게 변화시켰다. 그러한 생명체 가운데 한낱 가장 최근의 종이 우리 인간이다.

2 온실 효과

Greenhouse Physics

1장에서 지구 기후의 역사에 대해 살펴본 것처럼, 온실 효과는 지구의 기후에서 중요한 역할을 한다. 따라서 기후에 대하여 제대로 논의하기 위해서는 먼저 온실 효과를 확실하게 이해해야 한다.

온실 효과는 복사와 관련이 있는데, 여기에서 복사는 가시광선, 전파, 적외선 등의 전자기파에 의해 전달되는 에너지를 의미한다. 온도가 절대 0도 이상인 모든 물체는 복사를 방출한다. 물체의 온도가 더 높을수록, 더 많은 복사를 방출하고 그 복사의 평균 파장이 더 짧다. 태양의 평균 표면 온도는 약 섭씨 6000도이고, 태양은 복사의 상당량을 약 0.5마이크로미터의 평균 파장을 가진 가시광선으로 방출한다. (가시광선의 파장 영역은 약 0.4~0.7 마이크로미터로 상당히 좁다. 1마이크로미터는 0.001밀리미터이다.) 지구의 대기는 마치 평균 온도가 약 섭씨 영하 18도인 것처럼 복사를 방출하는데, 평균 파장은 약 15마이크로미터이다. 이 파장은 적외선에 해당하는데, 적외선은 눈에 보이지 않는다. 물체는 복사를 방출할 뿐만 아니라 흡수한다. 물체가 복사를 방출하면 물체의 온도가 내려가고, 반면에 복사를 흡수하면 온도가 올라간다.

　대부분의 고체와 액체는 복사의 상당량을 흡수하고 복사를 보다 쉽게 방출한다. 공기는 또 다른 물질이다. 공기는 거의 대부분 질소 분자와 산소 분자로 구성되어 있는데, 질소 분자와 산소 분자는 동일한 원자 두 개가 결합되어 있는 형태를 가진다. 이와 같은 형태의 분자들은 복사와 거의 상호 작용하지 못하기 때문에 지구로 향하는 태양 복사와 지구 표면에서 위로 방출되는 적외선 복사를 자유롭게 통과시킨다.

　만약 대기에 질소 분자와 산소 분자만 있다면, 지구 표면의 평균 온도는 쉽게 계산될 수 있을 것이다. 지구 표면은 태양 복사를 흡수하는 만큼 적외선 복사를 방출할 수 있을 정도만 따뜻하면 된다. (지구 표면의 온도가 너무 낮으면, 방출되는 복사가 흡수되는 복사보다 적어서 온도가 올라가게 된다. 반대로 온도가 너무 높으면, 결국 온도가 내려가게 된다.) 이 단순한 계산에서 지구에 의해 우주로 다시 반사되는 햇빛도 고려하면, 지구 표면의 평균 온도는 약 −18℃로 계산된다. 이는 실제로 관측된 평균 표면 온도인 약 16℃보다 훨씬 낮은 온도이다.

다행스럽게도 지구의 대기에는 복사와 강하게 상호 작용하는 물질들이 아주 적은 양으로 존재한다. 그 중에서 가장 중요한 물질이 H_2O, 즉 물이다. 물은 하나의 산소 원자에 두 개의 수소 원자가 결합되어 있는 형태를 가진다. 이와 같이 물은 질소 분자와 산소 분자에 비해서 더 복잡한 구조를 가지고 있어서 복사를 훨씬 더 효율적으로 흡수하고 방출한다. 대기에서 물은 기체 상태인 수증기로 존재할 뿐만 아니라 구름과 강수를 이루는 물방울과 얼음 입자로도 존재한다.

수증기와 구름은 햇빛과 적외선 복사를 흡수하고, 구름은 또한 햇빛을 우주로 다시 반사시키기도 한다. 공기 중 수증기량은 시간과 장소에 따라 크게 변하지만 보통 공기 표본 질량의 약 3퍼센트를 넘지 않는다. 물 이외에도 이산화탄소, 메탄 등 다른 기체들도 복사와 강하게 상호 작용한다. 현재 공기 분자 100만 개 가운데 약 405개의 이산화탄소 분자와 약 1.9개의 메탄 분자가 있다.

수증기, 이산화탄소, 메탄 등의 온실가스는 공통적으로 햇빛에 거의 투명하다. 구름이 없다면, 파장이 짧은 태양 복사는 거의 방해받지 않고 대기를 지나서 지구 표면에 대부분 흡수될 것이다. 반면에 온실가스는 지구 표면으로부터 대기로 방출되는 파장이 긴 적외선 복사의 상당량을 흡수한다. 적외선 복사를 흡수한 온실가스의 온도가 상승하기 때문에 온실가스도 복사를 방출하게 된다. 따라서 (얇은 공기층들이 쌓여서 대기를 이루고 있다고 본다면) 대기의 각 층은 적외선 복사를 위아래로 방출하게 된다.

결과적으로 지구 표면은 태양으로부터 뿐만 아니라 대기로부터도 복사를 받는다. 평균적으로 지구 표면이 태양으로부터 받는 복사의 거의 두 배를 대기로부터 받는다는 것은 놀라운 사실이다. 이와 같이 대기의 온실가스와 구름이 방출하는 복사를 추가로 받는 지구 표면은 온도가 올라가고 그 결과 더 많은 복사를 방출하게 된다. 이것이 온실효과의 기본적이고 가장 중요한 특성이다.[1]

대기 중 공기가 움직이지 않는다고 가정하고 실제로 관측된 온실가스와 구름의 농도를 이용하여 계산하면, 계산된 평균 표면 온도는 약 29℃로 관측된 온도보다 훨씬 높다. 실제로는 지구 표면 근처의 더운 공기가 위로 올라가고 위에 있던 차가운 공기는 아래로 내려오게 된다. 이러한 대류성 기류는 지구 표면의 평균 온도를 약 16℃로 낮

온실 효과

추고 대기의 온도를 높인다. 따라서 온실가스로부터 아래로 방출된 복사는 지구 표면을 보다 따뜻하게 유지시켜 주고, 동시에 공기의 대류는 지구 표면의 온난화 효과를 약화시켜서 표면 온도가 너무 높지 않게 유지시켜 준다.

온실가스의 총량은 대기 질량의 0.3% 정도이고, 이 중에서 거의 대부분은 수증기에 해당한다. 수증기량은 시간과 장소에 따라 크게 변하지만 평균적으로 대기 질량의 0.25% 정도를 차지한다. 하지만 일반적으로 수증기량은 그저 온도의 함수이고 단지 몇 주 이내에 평형 수치에 따라 조절된다. 따라서 기후 시스템에서 수증기를 (여러 피드백들 가운데) 하나의 피드백으로 생각하는 것이 적절하다. 보다 따뜻한 공기는 더 많은 수증기를 가지게 되는데, 증가한 수증기량은 온실 효과를 통해서 기온을 더 상승시킨다.

이와 대조적으로, 이산화탄소 농도가 자연적으로 조절되는 데는 수백 년에서 수천 년이 걸린다. 따라서 이산화탄소처럼 아주 오래 지속되는 온실가스가 기후를 조절할 만한 영향력을 발휘한다.

19세기 중반 아일랜드 출신의 물리학자 존 틴들이 알아낸 것처럼 이러한 오래 지속되는 온실가스는 모두 합쳐서

기후 변화에 대해 우리가 아는 것들

대기의 0.04% 정도만 차지함에도 불구하고 우리가 적당히 따뜻한 기후에서 살 수 있도록 해준다는 사실은 정말 놀랍다. 수백만 년 이상의 시간적 규모에서 이러한 오래 지속되는 온실가스는 온도 조절기와 같은 역할을 한다. 예를 들어서, 만약 지구가 눈에 띄게 더워지면, 암석의 화학적 풍화 작용이 가속화되어서 대기 중 이산화탄소 농도가 감소되고 기후가 원래의 평형 상태로 다시 돌아갈 것이다. 정반대로, 지구가 추워지면 화학적 풍화 작용의 속도가 느려져서 대기 중 이산화탄소 농도가 증가하고 기후가 다시 따뜻해질 것이다.

 1897년 스웨덴 화학자이고 노벨상 수상자인 스반테 아레니우스는 화석 연료의 사용 증가는 결국 이산화탄소 농도를 증가시킬 것이라는 것을 알아차렸다. 이는 인간 활동으로 인한 이산화탄소 배출량이 너무 많아서 자연 시스템이 감당할 수 없기 때문이다. 1906년 그는 이산화탄소 농도가 두 배로 증가하면 지구의 표면 온도가 대략 4℃ 증가할 것이라고 계산했는데, 이 수치는 오늘날 추정치인 2~4.5℃ 범위 안에 든다. 주목할 만한 점은 아레니우스가 컴퓨터의 도움 없이 당시에 이미 상당히 잘 정량화된 기본 물리학에 근거해서 계산했다는 것이다. 그림 1은 관측된

온실 효과

이산화탄소 농도의 자연로그와 관측된 지구 평균 온도를 비교함으로써 아레니우스의 예측을 테스트한다. 태양 방출량의 작은 변화와 큰 화산 분출과 같은 많은 자연 현상들이 기후에 영향을 미치지만, 아레니우스의 예측이 현재까지 잘 검증된다는 것을 알 수 있다.

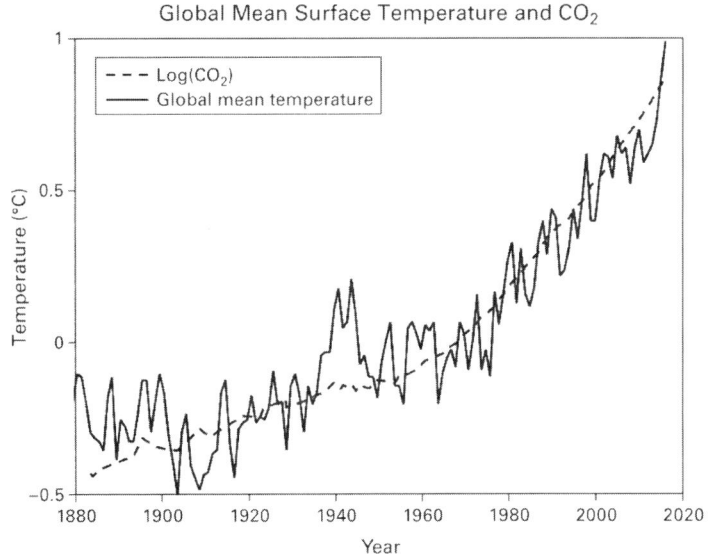

그림 1
파선으로 표시된 대기 중 이산화탄소 농도의 자연로그와 실선으로 표시된 지구 평균 온도를 비교했다. 이산화탄소 농도는 빙하 코어와 1958년 이후 직접 측정값으로부터 얻었고, 지구 평균 온도는 NASA 고다드 우주 연구소로부터 얻었다.

대기 중 이산화탄소의 긴 체류 시간에서 알 수 있듯이, 대기 중 이산화탄소를 줄일 방법을 생각해 내지 못한다면 우리는 수천 년 동안 높은 농도의 이산화탄소 그리고 그와 관련된 이상 기후 속에서 살아야 할 것이다.

3 기후 문제는 왜 어려운가

Why the Climate Problem Is Difficult

기본적인 기후 물리학은 과학자들 사이에서 논란의 여지가 전혀 없다.[1] 그리고 만약 기후 시스템에서 한 종류의 온실가스와 온도를 제외한 나머지 요소들은 변화시키지 않고 그 온실가스 농도만 변화시킬 수 있다면, 그에 따른 표면 온도의 변화를 계산하는 것은 꽤 간단할 것이다. 예를 들어, 이산화탄소 농도가 두 배로 증가하면 평균 표면 온도는 약 1.1℃ 증가할 것이다. 이 정도의 온도 증가는 감지하기에 충분하지만 아마도 심각한 문제들을 일으킬 정도는 아니다.

하지만 물론 실제로는 그렇게 간단하지 않다. 실제 기후 시스템에서 어느 한 요소의 변화는 간접적으로 다른 요소들을 변화시킨다는 사실로부터 기후 과학에서의 거의 모든 불확실성이 발생한다. 이러한 도미노 효과들은 피드백들로 알려져 있고, 이 중에서 가장 중요하고 불확실한 피드백은 물과 관련된 것이다.

기후 변화에 대해 우리가 아는 것들

물과 대부분의 다른 온실가스 사이에는 근본적인 차이점이 있다. 이산화탄소 또는 메탄 한 분자는 수백 년에서 수천 년 정도 대기 중에 남아 있을 것이다. 반면에 물은 대기, 지표면 그리고 해양 사이에서 계속해서 순환되기 때문에, 물 한 분자는 평균적으로 2주 정도 대기에서 머문다. 2주보다 훨씬 긴 기후적 시간 규모에서 대기 중 수증기는 온도와 구름 안에서 일어나는 물리적 과정들에 의해 엄밀하게 조절된다. 엄청난 양의 수증기라 할지라도 대기로 들어간 지 몇 주 안에 대기로부터 나오게 된다.

수증기와 구름은 대기에서 가장 중요한 온실 물질들이다. 구름은 적외선 복사를 지구 표면으로 방출해서 지구 표면 온도를 높일 뿐만 아니라 햇빛을 다시 우주로 반사시켜서 지구 표면 온도를 낮춘다.

온실 효과를 통해 따뜻해진 지구 표면으로 인해 발생하는 대류성 기류는 물을 지구 표면으로부터 위로 운반한다. 간단한 물리학뿐만 아니라 구름에 대한 컴퓨터 모델들을 이용한 상세한 계산들에 의하면, 대기 중 수증기량은 어떻게 미세한 구름 물방울들과 얼음 결정들이 결합하여 더 큰 빗방울들과 눈송이들이 되는가 그리고 어떻게 빗방울들과 눈송이들이 결국 아래로 떨어지고 지구 표면을 향해 떨어

기후 문제는 왜 어려운가

지는 도중에 일부 다시 증발하는가에 민감하다. 이러한 세부 사항들은 기후에 큰 영향력을 미치는 것 같다.

하지만 대기 중 수증기량은 근본적이고 중요한 제한을 받기 때문에 대기 중 수증기량 계산이 그렇게 복잡한 것은 아니다. 공기 표본에서 수증기 농도는 온도와 압력에 따른 엄밀한 상한선을 가진다. 특히 이 상한선은 온도에 따라 매우 급격하게 증가한다. 이러한 최대 수증기량에 대한 실제 수증기량의 비율이 우리에게 익숙한 상대습도이다. 많은 종류의 컴퓨터 모델들을 이용한 계산들과 대기의 관측 결과들에 따르면, 기후가 변하더라도 상대습도는 거의 일정하게 유지된다. 이는 대기 온도가 증가하면 실제 수증기량도 증가한다는 것을 의미한다. 그렇지만 수증기는 온실가스이고, 그래서 대기 온도의 증가로 인한 수증기량 증가는 대기 온도를 더욱 증가시킨다. 기후 시스템의 이러한 양성 피드백 때문에, 이산화탄소 농도가 두 배로 증가하면 지구의 평균 표면 온도는 피드백들이 없을 경우 증가량인 $1.1℃$보다 어느 정도 더 오를 것으로 예상된다. (온도가 매우 높을 경우, 수증기 피드백은 폭주할 수 있고 그 결과 해양이 없는 아주 뜨거운 행성이 되는 참사가 일어날 수 있다. 이러한 참사가 금성에서 일어난 것으로 보이는데, 금

기후 변화에 대해 우리가 아는 것들

성은 아주 넓은 구름에 의한 햇빛 반사 덕분에 지구보다 햇빛을 적게 흡수함에도 불구하고 500℃에 가까운 평균 표면 온도를 가진다.)

또한 대기 중 수증기의 양과 분포는 구름의 분포를 결정하는 데에 있어서 중요하다. 구름은 기후에서 복잡한 역할을 한다. 한편으로 구름은 태양 복사의 약 22%를 다시 우주로 반사시켜서 지구의 온도를 낮춘다. 다른 한편으로 수증기와 구름은 태양 복사를 흡수한다. 또한 수증기와 구름은 적외선 복사도 흡수하고 방출해서 온실 효과로 인한 온난화에 기여한다. 하늘을 바라보면서 시간을 보낸 경험이 있는 사람이면 누구나 알듯이, 구름은 아름답고 복잡한 무늬를 이룰 수 있다. 간단히 말하면, 이러한 무늬를 컴퓨터 모델에서 구현하는 것은 어렵다. 따라서 변화하는 기후에 따라 구름이 어떻게 변할지에 대하여 서로 다른 지구 기후 모델들이 서로 다르게 추정한다는 것은 그리 놀랍지 않다. 이것이 기후 변화를 예상하는 데 있어서 불확실성의 가장 큰 근원이다.

이러한 이미 복잡한 모습은 에어로졸에 의해서 더 복잡해진다. 에어로졸은 대기 중에 떠 있는 미세한 고체 또는 액체 입자들이다. 산업 활동과 바이오매스 연소는 대기 중

에어로졸의 양을 크게 증가시켰다. 이러한 에어로졸의 증가가 기후에 큰 영향을 주었다는 것에 대부분의 연구자들은 동의한다. 인간에 의해 발생한 에어로졸 가운데 주된 관심의 대상은 황산염 에어로졸이다. 황산염 에어로졸은 화석 연료의 연소로 인해 발생한 이산화황 기체를 포함하는 대기 화학 반응을 통해서 생성된다. 이러한 아주 작은 입자들은 햇빛을 반사하고, 이보다 적은 정도로 적외선 복사를 흡수한다. 아마도 더 중요한 것은 황산염 에어로졸이 또한 구름 응결핵의 역할을 한다는 사실이다. 구름이 형성될 때, 수증기는 혼자 물방울이나 얼음 결정을 형성하지 못하고 대신에 이미 존재하는 에어로졸 입자들에 응결된다. 에어로졸 입자들의 개수와 크기는 수증기가 적은 수의 큰 물방울들로 응결될 것인가 아니면 많은 수의 작은 물방울들로 응결될 것인가를 결정하고, 이는 결국 구름이 반사하는 햇빛의 양과 흡수하는 복사의 양에 큰 영향을 미친다.

 에어로졸은 전체적으로 지구의 온도를 낮춘다고 생각되는데, 이는 (에어로졸에 의해 직접적으로 뿐만 아니라 구름의 반사율을 증가시키는 에어로졸의 영향력을 통해서) 우주로 반사되는 햇빛의 증가가 에어로졸로 인한 온실 효과의 증가보다 크다고 믿어지고 있기 때문이다. 하지만 온실가스와 다르게 황산염 에어로졸은 대기에서 단지 몇 주만 머물고 비와 눈에 의해서 씻겨 내린다. 황산염 에어로졸의 양은 그것이 생성되는 속도에 비례한다. 황산염 에어로졸이 적게 생성되면 대기 중 농도도 감소하게 된다. 1980년대 말 이후, 선진국에서는 황산염 에어로졸로 인한 대기 오염이 줄어들었는데, 이는 향상된 기술과 점점 더 엄격한 규제와 더불어 소련의 붕괴와 그로 인한 산업 활동의 감소 및 현대화 덕분이었다. 다른 한편으로, 중국과 인도 같은 고성장 개발도상국에서는 황산염 에어로졸의 생성이 증가하고 있다. 따라서 대기 중 에어로졸 총량은 다시 증가할 수도 있다.

지구의 기후 시스템에 영향을 미치는 구름과 에어로졸 외에, 과거와 미래의 기후 변화를 태양 복사와 대기 조성의 변화로 인한 결과로 보는 데 있어서 불확실성의 또 다른 중요한 근원이 있다. 이 모든 요인들이 변하지 않는다 하더라도 지구의 기후는 시간이 흐름에 따라 변할 것이다. 날씨처럼 기후도 저절로 변하기 때문이다. 기후는 어느 수준에서 혼돈 시스템이다.

혼돈 시스템의 본질적인 속성은 작은 차이가 급속하게

기후 문제는 왜 어려운가

커지는 경향이 있다는 것이다. 가을에 두 나뭇잎들이 거세게 흐르는 강물에 떨어졌는데 처음에는 서로 바로 옆에 위치한 경우에 대하여 생각해 보자. 강물에 의해서 강의 하류로 이동되는 두 나뭇잎들을 따라간다고 상상해 보자. 두 나뭇잎들은 처음에는 서로 가까이 있지만 나중에는 소용돌이들에 의해서 서로 점점 멀어진다. 어떤 때에는, 한 나뭇잎이 바위 뒤에 있는 소용돌이에 말려들어서 그 속에 갇히고 다른 나뭇잎은 계속 하류로 떠내려갈 것이다. 아마도 한 나뭇잎이 다른 나뭇잎보다 며칠 혹은 몇 주 먼저 강 하구에 도착할 것이다. 어떤 광적인 과학자가 최고급 장비를 이용하여 강물의 흐름을 측정하고 그 측정값을 이용하여 나뭇잎들이 어디로 갈지 예측하는 컴퓨터 프로그램을 창안하였다고 하더라도, 나뭇잎들이 강물에 떨어지고 나서 심지어 한 시간 후에 어디에 있을지 정확히 예측하는 것은 아마도 거의 불가능할 것이다.

두 나뭇잎들이 강물에 떨어진 직후 두 나뭇잎들 사이의 거리가 30센티미터라고 하자. 이 거리는 시간에 따라 증가해서 30분 후에 3미터가 된다고 가정하자. 나뭇잎들이 강물에 떨어진 직후로 되돌아가서 이번에는 두 나뭇잎들 사이의 거리가 반으로 줄어 15센티미터라고 하자. 이 경우에 나뭇잎들 사이의 거리가 3미터가 되는 데 더 긴 시간, 가령 한 시간이 걸린다면, 이는 놀라운 일이 아닐 것이다. 이런 식으로 나뭇잎들 사이의 초기 거리를 감소시키면서 실험을 반복한다면 나뭇잎들 사이의 거리가 3미터가 되는 데 걸리는 시간이 무한정으로 계속 증가할 것이라고 어쩌면 당신은 추측할지도 모른다. 하지만 (아마도 강을 포함한) 많은 물리적 시스템들에서 이는 사실이 아닌 것으로 밝혀졌다. 나뭇잎들 사이의 초기 거리를 계속 감소시키면, 나뭇잎들 사이의 거리가 3미터가 되는 데 걸리는 시간이 (무한정으로 계속 증가하는 것이 아니라) 순차적으로 더 적게 증가해서 결국에는 한계 시간이 존재한다. 나뭇잎들이 강물에 떨어진 직후 아무리 가깝다 할지라도, 나뭇잎들 사이의 거리가 3미터가 되는 데 걸리는 시간이 한계 시간, 가령 여섯 시간을 넘지 않을 것이다.

    이와 같이 두 나뭇잎들의 이동에 적용된 원리는 우리가 나뭇잎과 강물에 대한 컴퓨터 모델을 이용하여 나뭇잎 한 잎의 이동 경로를 예측할 경우에도 적용된다. 비록 완벽한 컴퓨터 모델과 완벽하게 측정한 강물의 상태를 이용하여 컴퓨터 시뮬레이션을 실행한다고 하더라도, 나뭇잎이 강물에 떨어진 시간 또는 위치에서의 (심지어 극히 작은) 오차

기후 문제는 왜 어려운가

로 인하여 컴퓨터 시뮬레이션 결과는 가령 여섯 시간 후에 적어도 3미터 그리고 시간이 더 지나면 더 긴 거리 차이로 빗나갈 것이다. *일정 시간을 넘어서는 예측은 불가능하다.* 혼돈 시스템을 예측하는 우리의 능력에 이러한 한계가 있다는 것이 혼돈 시스템의 근본적인 속성이다. 이러한 혼돈 시스템의 미래 상태를 일정 시간 한도를 넘어서 자세히 예측하는 것은 심지어 원칙적으로도 불가능하다.

모든 혼돈 시스템이 이러한 제한된 예측 가능성이라는 속성을 지니는 것은 아니지만, 아아, 지구의 대기와 해양은 거의 틀림없이 그렇다. 결과적으로 날씨를 예측할 수 있는 최대 기간은 2주 정도인 것으로 보인다. (우리가 여태껏 이 최대 기간 동안의 일기 예보에 도달하지 못한 것은 컴퓨터 모델과 측정의 불완전함 때문이다.)

날씨가 하루하루 변하는 것이 아마도 자연환경의 혼돈 중 가장 익숙한 사례이지만, 더 긴 시간적 규모에서의 변화들 또한 혼돈스럽다. 엘니뇨 현상은 기껏해야 몇 달 전에 예측할 수 있어서 본질적으로 혼돈스럽다고 여겨진다. 해양과 관련된 다른 혼돈 현상들은 훨씬 더 긴 시간적 규모를 가진다.

날씨와 기후의 저절로 일어나는 혼돈스러운 변동성 외

기후 변화에 대해 우리가 아는 것들

에 가변적인 "강제력들"에 의해 발생하는 변화들이 있다. 강제력은 기후의 영향을 크게 받지 않으면서 기후 변화를 일으키는 요인을 일컫는다. 이 강제력들 중에 가장 친숙한 것은 지구 자전축의 기울어짐으로 인한 계절의 변화이다. 지구의 자전축이 기울어진 정도는 기후의 영향을 거의 받지 않는다.² 우리는 어렵지 않게 이 강제력에 의한 변화를 다른 기후 변동성으로부터 분리시킬 수 있다. 비록 자세한 뉴욕 날씨를 6개월 전에 예측하지는 못하지만, 우리는 뉴욕에서 가령 1월 날씨가 7월 날씨보다 추울 것이라고 자신 있게 예상할 수 있다. 자연적인 기후 강제력의 다른 예로는 태양 방출량의 변화와 화산의 분출이 있다. 화산의 분출은 에어로졸을 성층권까지 올려 보내서 지구 온도를 낮춘다.

어떤 강제력은 긴 시간적 규모에서 예측이 가능하다. 예를 들어, 혜성이나 소행성과 비극적으로 충돌하는 일만 없다면 지구 공전 궤도의 변화는 수백만 년 후까지 예측이 가능하다. 반면에 화산 활동은 예측이 불가능하다. 어떤 경우라도 우리가 경험하는 기후는 혼돈스러운 "자유" 변동성과 외부 강제력들에 의한 "강제" 변화들의 조합을 나타낸다. 어떤 강제력은 화산 분출처럼 그 자체가 혼돈스럽다.

기후 문제는 왜 어려운가

 최근의 강제 기후 변동성 중 일부는 인간에 의해 발생하였다.

 강제 기후 변동성을 저절로 일어나는 혼돈스러운 변동성으로부터 분리시키기 위해서는 흔히 "기후 소음"이라고 불리는 후자의 특성을 상세하게 이해해야 한다. 이 소음에 대한 현재의 추정들은 주로 기후 모델에 일정한 강제력을 적용하여 장기간 시뮬레이션함으로써 얻어진다. 이러한 추정들에 따르면, 현재의 지구 온난화 추세는 30년 이상의 시간 규모에서 기후 소음과 분명하게 구별할 수 있다. 4월 어떤 주의 날씨가 늦겨울 어떤 주의 날씨보다 추울지도 모르는 것과 마찬가지로, 저절로 일어나는 혼돈스러운 변동성으로 인하여 지구 평균 온도가 낮아지는 30년 이하의 기간이 있을 수 있다. 따라서 가령 21세기 첫 10년 동안 지구 온난화가 주목할 만하지 못한 것은, 일부 사람들의 주장과는 반대로, 온실가스로 인한 온난화와 기후 소음이 동시에 일어나는 것과 완전히 일치한다. 2장의 그림 1에서 볼 수 있듯이 이러한 "중단"은 2014, 2015 그리고 2016년의 기록적인 온도에 의해서 끝났는데, 이는 위의 설명대로 예측된 일이다.

4 인류의 영향은 어느 정도인가

Determining Humanity's Influence

우리는 자연적인 기후 변화와 우리 인류의 활동에 의한 기후 변화를 어떻게 구별하는가? (여기에서 자연적인 기후 변화는 저절로 일어나는 자유 변화뿐만 아니라 자연적인 강제력에 의한 강제 변화도 포함한다.)

한 가지 구별법은 온실가스와 황산염 에어로졸의 증가가 19세기에 일어난 산업 혁명 이후로 시작되었다는 사실을 이용하는 것이다. 그 전에는 인간의 영향이 아마도 작았다. 만약 우리가 산업 혁명 이전 기후의 변화를 추정할 수 있다면, 우리는 기후 시스템이 자연적으로 어떻게 변하는지 어느 정도 알게 될 것이다. 불행하게도 기후에 대한 상세한 측정은 19세기 이후에야 본격적으로 시작되었다. 하지만 온도와 같은 특정한 기후 변수들에 대한 "대용 자료들"이 있다. 이러한 대용 자료들로는 나이테의 폭과 밀도, 해양과 호수 플랑크톤의 화학적 구성, 꽃가루의 양과 유형 등이 있다.

기후 변화에 대해 우리가 아는 것들

　실제 측정들과 1000년 이상 전 과거까지 거슬러 올라가는 대용 자료들로부터 얻은 지구 평균 온도를 그래프로 나타내면, 지구 온도의 최근 상승은 정말로 전례가 없는 일이다. 시간에 따른 온도 변화의 그래프는 하키 스틱을 눕혀 놓은 것과 비슷한 특징적인 형태를 보이는데, 공을 다루기 위해 휘어진 스틱의 끝부분이 최근 50여 년 동안의 온도 상승을 나타낸다. 하지만 대용 자료들은 불완전하여서 큰 오차 범위를 가지기 때문에, 과거에 있었을 법한 급격한 온도 상승이 그래프에서는 가려져 있을 수도 있다. 그렇다고 하더라도 최근의 온도 상승은 심지어 그러한 오차에 대한 최대 추정치도 넘어선다.[1]

　또 하나의 구별법은 지난 100여 년 동안의 기후를 컴퓨터 모델들을 이용하여 시뮬레이션하는 것이다. 지구 기후의 컴퓨터 모델링은 아마도 인간이 지금까지 착수한 가장 복잡한 노력일 것이다. 전형적인 컴퓨터 모델은 광범위한 물리적 현상들을 시뮬레이션하도록 만들어진 수백만 행의 컴퓨터 명령들로 구성된다. 시뮬레이션되는 물리적 현상들로는 대기와 해양에서의 흐름, 구름 안에서 일어나는 물의 응결과 강수, 난류성 대류에 의한 열, 물 그리고 대기 성분들의 이동, 지구 표면, 구름 그리고 대기에 의한 부분적인

인류의 영향은 어느 정도인가

흡수와 반사를 포함한 태양 복사와 지구 복사의 전달, 그리고 수많은 다른 현상들이 있다. 현재 수십 개 정도의 이러한 모델들이 있지만, 흔히 컴퓨터 프로그램의 일반적인 부분들과 일반적인 원래의 모델들을 공유하기 때문에 서로 완전히 독립적인 것은 아니다.

비록 기후 시스템에서 일어나는 물리적 과정들과 화학적 과정들을 나타내는 방정식들은 잘 알려져 있지만, 그 방정식들을 정확하게 풀 수 없다. 대기와 해양의 모든 분자를 추적하는 것은 계산적으로 불가능하다. 따라서 기후 시스템들에 대한 방정식들을 근사적으로라도 풀기 위해서는, 대기와 해양을 현실적으로 계산 가능한 충분히 큰 덩어리들로 나누어야 한다. 이러한 덩어리들이 더 작아서 더 많을수록, 계산 결과는 더 정확하다. 하지만 오늘날 기후 시뮬레이션에서 가장 작게 만들 수 있는 이러한 덩어리들의 크기는 수평 방향으로 80킬로미터 정도이고 수직 방향으로 수백 미터 정도이다. 해양에 대한 모델링에는 다소 더 작은 덩어리들이 이용된다. 여기에서 문제점은 많은 중요한 과정들이 훨씬 더 작은 규모에서 일어난다는 것이다. 예를 들어, 대기에서 적운은 열과 물을 위아래로 전달하는 데 있어서 중요하지만, 적운은 그 크기가 보통 수평 방향으로 고작 수 킬로미터 정도여서 기후 모델에서 시뮬레이션될 수 없다. 그 대신, 적운이 풍속, 습도 그리고 기온 등에 미치는 영향은 표현되어야 한다. 여기에서 풍속, 습도 그리고 기온 등은 앞서 언급한 계산 덩어리에서의 평균값을 나타낸다. 이러한 중요하지만 시뮬레이션되지 않는 과정들을 표현하는 것은 (과학보다는) 기술 또는 예술에 가까운 일로서 모수화라고 하는 어색한 용어로 알려져 있다. 모수화에는 모수들이라고 불리는 숫자들이 있는데, 모수들은 시뮬레이션에서 모수화가 최적의 방식으로 작용하도록 조정되어야 한다. 이러한 인공적인 기술들을 필요로 하기 때문에, 일반적인 기후 모델은 크고 매우 복잡한 기계의 조절 손잡이들에 비유될 수 있는 많은 조정할 수 있는 모수들을 가진다. 이는 이러한 모델들이 실제 기후에 대한 근사만을 제공하는 많은 이유들 가운데 하나이다. 모수들의 값이나 다양한 과정들이 모수화되는 방식을 변화시키면, 모델에서 시뮬레이션되는 기후뿐만 아니라 가령 온실가스 증가에 대한 모델 기후의 민감도 또한 변할 수 있다.

그렇다면 기후 모델이 실제 기후를 아주 사실적으로 재현할 수 있도록 기후 모델의 모수들을 조정하는 일을 어떻게 해결할 수 있을까? 기후 모델들의 가까운 사촌인 일기

인류의 영향은 어느 정도인가

예보 모델들을 통해 얻은 경험으로부터 중요한 교훈을 배울 수 있다. 일기 예보 모델들도 거의 마찬가지로 복잡하고 또한 핵심적인 물리적 과정들을 모수화해야 한다. 하지만 대기는 많은 장소에서 매우 빈번하게 측정되기 때문에, 우리는 매일 여러 번 모델 결과를 실제와 비교함으로써 모델을 테스트하고 모델 결과가 실제와 최대한 가깝도록 모델의 모수들을 계속 조정할 수 있다. 이 과정에서 우리는 일기 예보 모델 고유의 정확도를 이해하게 된다. 반면에 기후 모델의 경우 할 수 있는 테스트는 극소수뿐이다. 하나의 확실한 테스트는 모델이 날씨와 엘니뇨 같은 기후 변동성의 핵심 측면들을 포함한 현재의 기후를 그대로 재현할 수 있는가 하는 것이다. 또한 기후 모델은 계절을 사실적으로 시뮬레이션할 수 있어야 한다. 예를 들어 여름이 비사실적으로 덥거나 겨울이 비사실적으로 추우면 안 된다.

하지만 이러한 몇 가지 단순한 점검 외에는 모델들을 테스트할 수 있는 방법이 별로 없어서 미래의 기후에 대한 전망들은 불확실하다고 여겨져야 한다. 그러한 전망들이 불확실한 정도는, 많은 기후 모델들이 가진 서로 다른 모수화들과 아마도 서로 다른 프로그래밍 작성 오류들을 고려해 볼 때, 그러한 모델들에 의한 예측들을 비교함으로써 어느 정도 추정될 수 있다. 실제 기후는 다양한 모델들에 의한 전망들 사이에 속할 것이라는, 다시 말하면 그 모델들에 의한 최대 추정치와 최소 추정치 사이 어딘가에 진실이 있을 것이라는 기대 속에서 기후 모델들을 이용한 연구들이 진행된다. 그렇지만 실제 기후가 이러한 예측 범위를 벗어날 가능성이 아주 적은 것은 아니다.

마치 감독처럼 사이드라인에 서서 기후 모델들을 혹평하는 것은 쉽지만, 기후 모델들은 앞으로 100여 년 동안의 지구 기후를 전망하는 데 있어서 과학이 할 수 있는 최선의 노력을 나타낸다. 동시에, 가능한 결과들의 큰 범위는 이러한 기후 예측에 아직 남아 있는 불확실성을 객관적으로 정량화한 것이다. 그런데도 모델들은 틀리거나 쓸모없다고 주장하는 사람들은 보통 자신들의 편견을 홍보하기 위해 과학의 불완전함을 이용하는 것이다. 불확실성은 예측의 본질적인 특성이고 위에서 설명한 두 가지 측면에서 작용한다.

인류의 영향은 어느 정도인가

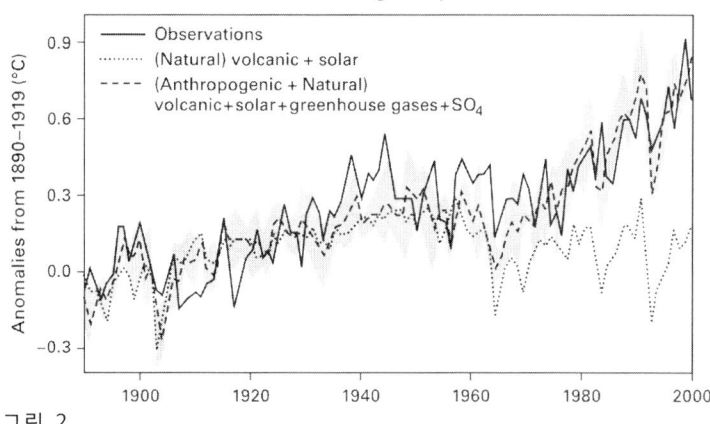

그림 2
기후 모델을 이용한 20세기 지구의 평균 표면 온도에 대한 두 세트의 컴퓨터 시뮬레이션 결과들을 보여준다. 점선과 밝은 회색의 음영으로 표시된 첫 번째 세트에서는 오직 자연적이고 시간에 따라 변하는 강제력들만 적용된다. 파선과 어두운 회색의 음영으로 표시된 두 번째 세트는 인류의 영향을 포함한다. 각각의 세트는 약간 다른 초기 상태들로부터 시작하여 4번 실행된다. 이러한 4개의 앙상블 결과들의 범위는 그림에서 음영으로 표시되고 점선이나 파선은 4개의 앙상블 결과들의 평균을 보여준다. 실선은 실제 관측된 지구의 평균 표면 온도를 나타낸다.

그림 2는 20세기 동안 지구의 평균 표면 온도에 대한 두 세트의 컴퓨터 시뮬레이션 결과들을 보여준다. 이 시뮬레이션들에는 하나의 특정한 기후 모델이 이용되었다. 그림 2에서 점선과 밝은 회색의 음영으로 표시된 첫 번째 세

기후 변화에 대해 우리가 아는 것들

트의 시뮬레이션들에서는 오직 자연적이고 시간에 따라 변하는 강제력들만 적용된다. 이 강제력들은 가변적인 태양의 방출량과 알려진 화산 분출들에 의해 생긴 에어로졸로 인한 "흐려짐"으로 구성되어 있다. 그림 2에서 파선과 어두운 회색의 음영으로 표시된 두 번째 세트는 황산염 에어로졸과 온실가스에 대한 인류의 영향을 포함한다. 각각의 세트는 약간 다른 초기 상태들로부터 시작하여 4번 실행되고, 이러한 4개의 시뮬레이션 결과들의 범위는 그림에서 음영으로 표시된다. 이 범위는 이 모델이 만들어 낸 기후의 무작위 변동을 나타내고, 점선이나 파선은 4개의 앙상블 결과들의 평균을 보여준다. 실선은 실제 관측된 지구의 평균 표면 온도를 나타낸다. 두 세트의 컴퓨터 시뮬레이션 결과들은 1970년대에 갈라지고 오늘날 서로 겹치는 부분이 전혀 없다. 관측된 지구 온도 또한 1970년대에 첫 번째 세트의 시뮬레이션 결과들의 범위를 벗어나기 시작한다.

　많은 다른 기후 모델들을 이용하여 이 실험을 반복했는데, 정성적으로 똑같은 결과를 얻었다. 인류에 의한 황산염 에어로졸과 온실가스의 증가를 고려하지 않고는 지난 30년 동안의 기후 변화를 정확하게 시뮬레이션할 수 없다. 이러한 하나의 (하지만 결코 유일하지 않은) 중요한 이유 때문

인류의 영향은 어느 정도인가

에 오늘날 거의 모든 기후 과학자들은 기후에 대한 인류의 영향이 자연적인 변동성이라는 배경 소음에서 나와서 모습을 드러냈다고 믿는다. 하지만 주된 이유는 여전히 컴퓨터 시대 훨씬 전에 아레니우스가 증가하는 온실가스에 대한 지구의 반응을 예측하기 위해 이용한 기초 물리학이다.

5 어떤 결과들이 나타날 것인가

The Consequences

기후 모델들에 근거한 전망들에 따르면, 지구 온도는 앞으로 100년 동안 1.5~4℃ 더 계속해서 오를 것이라고 한다. 이는 가령 보스턴으로부터 필라델피아로 이동함으로써 경험할 수 있는 온도 변화와 비슷하다. 열대와 같은 이미 더운 지역들에서의 온난화는 지구 평균 온난화보다 다소 적을 것으로 예상되는 반면에, 북극과 같은 추운 지역들에서의 온난화는 더 심할 것으로 전망된다. 이는 지구 온도 측정값에서 벌써 분명하게 알 수 있는 신호이다. 밤 온도가 낮 온도보다 급속하게 오르고 있고, 대륙에서의 온도가 해양에서의 온도보다 빨리 오르고 있다. 이는 기초 이론뿐만 아니라 모델들에 근거한 결과들과 일치한다.

이것이 정말로 그렇게 심각한 문제일까? 지구 온난화에 대한 모든 부정적인 평판 때문에 지구 온난화의 혜택을 간과하기 쉽다. 건물 난방에 보다 적은 에너지가 필요할 것이고, 고위도 지방의 이전에는 척박했던 땅들에서 농작물

기후 변화에 대해 우리가 아는 것들

들이 생산되기 시작할 것이며, 심신을 쇠약하게 만드는 한파로 인한 고통이 더 적을 것이다. 또한 이산화탄소의 증가로 인하여 일부 농작물들은 영양분 공급 부족으로 성장이 제한되지 않는 한 더 빨리 자랄 것이다. 부정적인 측면으로는 폭염이 더 빈번해지고 더 극심해질 것이고, 냉방비가 증가할 것이며, 아열대의 이전에는 비옥했던 지역들이 척박해질 수도 있고, 자연 식생과 농작물이 심한 병충해를 입을 수도 있다.

그래서 혜택을 받는 사람들과 피해를 입는 사람들이 있을 것이지만, 이러한 혜택과 피해를 서로 상쇄시키면 세계는 정말로 고통을 받을까? 비록 우리가 일으키고 있는 변화들이 지구가 지난 수천 년 동안 경험한 것들보다 크다고 할지라도, 그 변화들은 지구뿐만 아니라 정말로 인간이 견디어 낸 빙하기와 간빙기 사이의 자연적인 큰 변화들보다 작다.

현재 차이점은 한마디로 문명이다. 문명은 기후가 이례적으로 안정된 시기인 지난 7,000년 동안 발달하였다. 우리의 먼 조상들은 문명 발달의 서곡에 해당하는 겨우 8,000여 년 동안 120미터 정도의 해수면 상승에 대처해야 했다. 하지만 그 후로 인간 사회는 현재 기후에 정교하게

어떤 결과들이 나타날 것인가

적응되어서, (지질학적으로 최근 변화들의 기준으로 보면 작은) 1미터의 해수면 상승만으로도 일억 명 정도의 사람들이 새로운 보금자리를 얻어야 할 것이다. 농업과 축산업 또한 현재 기후에 맞춰져 있어서 온도와 강수의 비교적 작은 변화들도 정부들과 사회 시스템들에 상당한 압박을 가할 수 있다. 이러한 변화들에 대한 대응 실패는 기근, 질병, 대규모 이주, 정치적 불안정 그리고 무력 충돌로 이어질 수 있다.

해수면 상승은 지구 온난화로 인해 일어날 수 있는 가장 심각한 결과들 중 하나이다. 마지막 빙하기가 한창일 때 막대한 양의 물이 거대한 대륙 빙하를 이루고 있어서 해수면은 오늘날보다 120미터 정도 낮았다. 오늘날 거의 모든 대륙 얼음은 그린란드와 남극의 대륙 빙하에 포함되어 있다. 극지방의 온도가 상승함에 따라 이러한 대륙 빙하들이 부분적으로 녹아서 해수면을 상승시킬 수 있다. 그린란드 빙하에 대한 매우 상세하고 정확한 인공 위성 기반의 측정에 따르면, 빙하의 두께는 안쪽에서 예상과 달리 증가하고 있지만 가장자리에서는 얇아지고 있다. 그린란드 빙하의 총량은 크게 감소했다. 최근 몇 년간 여름에 그린란드 빙하의 표면이 녹는 정도가 크게 증가하였다. 남극

기후 변화에 대해 우리가 아는 것들

빙하 또한 두꺼워지는 부분들과 얇아지는 부분들이 있지만, 전체적으로 보면 얇아지고 있는 것 같다. 그린란드 대륙 빙하의 표면에서 녹은 물은 빙하의 밑바닥까지 흘러내려서 아마도 빙하가 바다 쪽으로 더 빨리 유동하게 할 것이다. 압력을 받고 있는 빙하에 대한 물리학적 이해가 부족해서 빙하가 온난화에 어떻게 반응할지 예측하는 것은 어려운 일이다. 그린란드의 대륙 빙하가 전부 녹는다면, 해수면은 약 7미터 상승해서 플로리다 남부와 맨해튼 남부의 상당 부분을 포함한 많은 해안 지역들이 침수될 것이다. 세계에서 가장 큰 열다섯 도시들 중 열하나가 해안가 강하구 지역에 위치하고 있어서 모두 해수면 상승의 영향을 받을 것이다. 지역에 따라 바람과 바닷물 온도가 다르기 때문에, 해수면 변화도 지구 곳곳에서 달라서 어떤 지역들에서는 다른 지역들에서보다 큰 해수면 상승을 겪을 수도 있다. 더욱이 해수면 상승은 폭풍 해일의 영향을 악화시킬 것이다. 폭풍 해일은 더 빈번하게 발생하고 더 많은 지역들을 침수시킬 것이다.

다른 위험도 도사리고 있다. 동료들과 나는 지구 온도가 올라감에 따라 더 강한 바람과 훨씬 더 많은 비를 동반하는 허리케인이 발생할 것이라는 연구 결과들을 발표했

어떤 결과들이 나타날 것인가

고, 실제 관측 자료들도 그러한 추세를 보이기 시작하고 있다. 2005년 대서양 허리케인 시즌은 150년 기록상 가장 활발했는데, 이는 열대 대서양의 기록적으로 높은 수온에 따른 결과이다. 미국 역사상 가장 큰 폭풍 해일을 일으킨 허리케인 카트리나는 2천억 달러 이상의 피해를 주었고 최소 1,200명의 목숨을 앗아갔다. 2017년 대서양 허리케인 시즌은 기록상 가장 파괴적인 시즌들 중 하나였는데, 3천억 달러를 훨씬 넘는 손실을 입혔다. 2013년에 태풍 하이옌이 열대성 저기압의 풍속에 대한 사상 최고 기록을 세웠지만, 2015년 허리케인 퍼트리샤가 이 기록을 깨뜨렸다. 2012년 허리케인 샌디는 기록상 대서양 폭풍 가운데 가장 큰 지름을 가졌다. 2017년 허리케인 어마는 5등급 강도를 지속한 기간에 대한 세계 신기록을 세웠고, 마찬가지로 8월에 발생한 허리케인 하비는 미국 허리케인 역사상 가장 많은 비를 뿌렸다. 세계적으로 열대성 저기압들은 엄청난 고통과 인명 손실을 초래한다. 1998년 허리케인 미치는 중앙 아메리카에서 10,000명이 넘는 사람들의 목숨을 앗아갔고, 1970년 방글라데시를 휩쓸고 지나간 열대성 저기압으로 인하여 300,000명 정도의 사람들이 목숨을 잃었다. 허리케인 활동의 상당한 변화들은 우리가 쉽게 적응할 수 있

기후 변화에 대해 우리가 아는 것들

는 한낱 기후의 작은 변화들로 볼 수 없다.

기본 이론과 모델들에 의하면, 지구 온도 상승에 따른 또 다른 결과인 더 많은 홍수와 가뭄이 예상된다. 이러한 결과는 공기 중 수증기량이 기온에 따라 기하급수적으로 증가하기 때문에 일어난다. 기온이 약 4℃ 증가하면 수증기의 농도는 약 25% 증가한다. 혹자는 늘어난 수증기가 상승하여 구름을 이루고 결국 더 많은 비가 내릴 것이라고 추측할지도 모른다. 이 과정에서 수증기의 응결은 (숨은열 방출을 통해) 대기의 온도를 증가시키고, 대기 전체적으로 보면 이러한 숨은열 흡수는 복사 방출로 인한 열 손실과 서로 상쇄되어야 한다. 하지만 복사열 손실은 온도가 증가함에 따라 그저 천천히 증가할 뿐이어서, 수증기의 응결로 인한 열 흡수 또한 온도에 따라 천천히 증가해야 한다. 기후 이론과 모델들은 이 수수께끼 같은 문제를 다음과 같이 풀어낸다. 이미 비가 많이 내리는 지역들에서는 비가 더 많이 내릴 것이고 동시에 가뭄의 강도, 지속 기간 또는 지리적 범위가 증가할 것이다. 따라서 홍수와 가뭄은 더워지는 지구에서 상당히 증가할 것이고, 기후 기록들은 이러한 현상이 실제로 일어나고 있음을 보여 준다.

중동과 같이 기후가 이미 고온 건조한 지역들에서 만성

어떤 결과들이 나타날 것인가

적인 식량과 물 부족 문제들의 발생은 쉽게 정치적 불안정으로 이어질 수 있다. 2010년 2월 미국 국방부는 4년 주기의 국방 검토에서 이러한 위험 요소들을 간단명료하게 요약하였다. 기후 변화는 가난과 환경 악화의 원인이 되고 약한 정부들을 더욱 약화시킴으로써 전 세계에 지정학적으로 큰 영향을 줄 수 있다. 기후 변화는 식량과 물 부족의 한 원인이 될 것이고, 질병의 확산을 증가시킬 것이며, 대규모 이주를 촉진하거나 악화시킬 것이다. 게다가 기후 변화는 홀로 갈등을 일으키지 않더라도, 전 세계의 기관들과 군대들에 대응의 부담을 줌으로써 불안정 또는 갈등의 촉진제 역할을 할지도 모른다. 또한 기상 이변으로 인하여 미국 내에서 뿐만 아니라 해외에서도 인도주의적 지원 또는 재난 대응을 맡고 있는 당국에 대한 방위 지원을 요구하는 목소리가 더 커질지도 모른다.

이러한 결과들을 마지막 빙하기가 끝난 후 일어난 더 작은 자연적인 기후 변화들이 메소포타미아, 중앙아메리카, 남아메리카 그리고 오늘날 미국 남서부 지역들에서의 문명들을 약화시켰고 몇몇의 경우에서는 파괴시켰다는 증거에 비추어 생각해 보면 정신이 번쩍 든다.

기후에 대한 직접적인 영향들 외에도, 인류의 활동으로

기후 변화에 대해 우리가 아는 것들

증가한 이산화탄소로 인한 위험이 또 하나 있다. 대기 중 이산화탄소 농도가 증가하면, 증가량의 25퍼센트 정도가 해양에 흡수되어서 바닷물에서의 수소 이온 농도, 즉 산성도를 증가시킨다. 산업 혁명이 시작된 이래, 바닷물의 산성도는 30퍼센트 증가하였다. 산성도 증가로 인해 일어날 수 있는 문제들 가운데 하나는 매우 다양한 해양 생물들의 탄산 칼슘 껍데기를 만들고 유지하는 능력이 위태로워진다는 것이다. 이러한 해양 생물들은 먹이 사슬에 필수적이다. 우리 자신을 위험에 빠트림에도 불구하고 우리는 해양 생물들의 안녕을 위협한다. 또한 탄산 칼슘이 생성되는 속도의 감소는 우리가 대기로 배출한 이산화탄소를 흡수하는 해양의 능력을 제한해서, 대기 중 이산화탄소 농도가 더 빠른 속도로 증가하게 될 것이다.

현재 지구의 기후에서 일어나는 변화들과 대기와 해양에서의 화학적 변화들은 너무 심해서, 2016년 지질학자들로 구성된 한 전문가 그룹은 대략 1950년 이후의 시기를 새로운 지질 시대인 인류세로 지정할 것을 국제 지질학 회의에 권고했다. 인류세의 지질학적 기록은 인간 활동의 영향을 크게 받는다.

앞에서 살펴본 것처럼 우리는 대기의 기후 시스템과 해

어떤 결과들이 나타날 것인가

양의 지구화학 시스템을 너무 강하게 그리고 너무 빠르게 밀고 있는데, 우리는 또한 기후 시스템이 어떻게 작용하는지에 대한 우리 자신의 총체적 무지를 경계해야 한다. 어쩌면 우리가 예상하지 못했거나 과소평가한 음성 피드백 과정들이 효과를 나타내기 시작해서, 우리는 심신을 쇠약하게 만드는 결과들을 모면할 수도 있을 것이다. 다른 한편으로는, 거의 이해하지 못했거나 예상하지 못한 양성 피드백 과정들로 인하여 상황이 예상보다 나빠질 수도 있을 것이다. 우리가 무지하다는 생각에 우리는 겸손해진다. 예를 들어, 우리는 대빙하 시대가 지구의 공전 궤도와 자전에 있어서의 느리고 예측할 수 있는 변화들에 의해 일어났다고 이해하게 되었지만, 빙하 코어 기록에 의해 밝혀진 갑작스러운 기후 점프들은 이해하지 못하고 비슷한 일들이 미래에 일어날지 모른다고 걱정하고 있다. 우리는 파에톤이 아버지 헬리오스의 태양마차를 몰게 되었을 때만큼 우리의 행위가 초래할 결과들에 대해 거의 알지 못한다.

6 기후 과학을 알리기
Communicating Climate Science

과학은 계속해서 가설을 시험하여 버리거나 개선하는 과정을 통해서 나아가는데, 이 과정에서 과학자들의 선천적으로 회의적인 기질이 큰 힘을 발휘한다. 대부분의 과학자들은 자연을 이해하고자 하는 열정으로 연구하고, 그러한 열정은 과학자들로 하여금 그들이 지지하는 과학적 견해에 대하여 공평무사하도록 만든다. 당파적 성향은 그것의 근원이 무엇이든 동료 과학자들에 의해 발견될 것이고 과학자들이 진정으로 확보해야 하는 과학자들에 대한 신뢰성을 떨어뜨릴 것이다. 과학자들은 결국에는 진실이 발견될 것이고 감정적 이유 또는 숨은 의도로 그릇된 견해를 고수하는 과학자들은 그에 따라 역사의 심판을 받을 것이라는 경험에 의해 정당화된 믿음을 공유한다. 먼저 깨달아서 이해하는 과학자들은 선구자들로 평가받을 것이다.

비록 과학자 개개인은 인간의 전반적인 결점에 의한 영향을 받기 쉽지만, 과학적 노력은 전체적으로 볼 때 본질적으로 신중하게 나아간다. 과학자가 권위 있는 학술지에 제출한 논문은 먼저 동료 과학자들에 의해 보통 익명으로 검토되어야 한다. 이 과정은 학술지의 질적 수준 관리에 있어서 단지 첫 번째 단계이고, 이 과정의 결과는 내용 수정에 대한 권고 사항들 또는 분명한 거부이다. 논문은 일단 학술지에 실리면, 보통 그 연구의 잠재적 중요성에 비례하여 다른 과학자들에 의해 비판적 논평을 받게 된다. 그 결과들을 다시 만들어 낼 수 있는가? 연구 결과들이 기존의 측정 결과들과 부합하는가? 정확성을 확인할 수 있는 예측을 하는가? 젊고 전도유망한 과학자가 명성을 얻게 되는 한 가지 방식은 사실로 인정되고 있는 어떤 과학적 원칙이 틀렸음을 입증하는 것이다. 이는 집단사고라고 하는 보편적인 현상에 맞서는 하나의 중요한 안전장치이다.

따라서 이론들이 테스트되고 반증되고 개선됨에 따라 과학은 일반적으로 이보 전진과 일보 후퇴를 되풀이하면서 불안정하게 나아간다. 드문 경우, 진정한 과학 혁명이 일어나고 사실로 인정되고 있는 과학적 지식들이 버려지거나 수정되어야 한다.

이 과정이 사회에 아무리 잘 기여했다고 해도, 이야기를 팔고자 종종 잠정적인 내용을 세상이 놀랄 만한 내용으

기후 과학을 알리기

로 둔갑시키는 현대 저널리즘과 일반적으로 잘 맞지 않는다. 이는 특히 의학 분야에서 두드러지게 나타난다. 가령 식습관이 건강에 미치는 영향에 대한 새로운 결과들을 보고하는 연구 논문들은 종종 열성적인 언론 활동에 의해 취재되고 떠들썩하게 보도되지만 후속 연구들에 의해 논박된다. 언론은 서로 경쟁을 벌이는 과학적 신조들에 대한 드라마를 보도하고자 탐구하는 과정에서 주류를 이루는 과학자들을 무시하는데, 이는 따분한 기삿거리로 이어지는 그들의 우유부단 때문이다.

부분적으로 이러한 시소 효과를 해소하기 위한 시도로, 기후 과학자들은 대중과 소통하고 동시에 서로의 견해를 교환하고 테스트할 수 있는 방법을 개발했다. 이른바 기후 변화에 관한 정부 간 협의체는 대략 4년마다 기후 과학의 현 상태에 대해 상세하게 요약한다. 보고서 시리즈의 다섯 번째인 가장 최근 보고서는 2013년과 2014년에 발표되었다. 비록 완벽과는 거리가 멀지만, 기후 변화에 관한 정부 간 협의체는 많은 나라의 진지한 기후 과학자들을 참여시킬 뿐만 아니라 최근의 지식을 전달하는 일에 있어서 대단히 훌륭했다.

기후 변화에 관한 정부 간 협의체가 발표한 보고서들은

기후 변화에 대해 우리가 아는 것들

우리가 아는 사실들과 우리가 생각하기에 불확실한 부분들에 대해 솔직하다. 아래에 열거한 결과들은 심지어 기후 위험에 대해 일반적으로 회의적인 기후 과학자들 사이에서도 논쟁의 여지가 없다.

- 이산화탄소, 메탄, 오존 그리고 아산화질소와 같은 핵심적인 온실가스의 대기 중 농도는 화석 연료와 바이오매스의 연소로 인하여 증가하고 있다. 이산화탄소는 산업화 이전의 약 280ppm에서 오늘날 약 405ppm으로 45퍼센트 정도 증가하였다. 빙하 코어 기록들에 의하면, 이산화탄소의 현재 농도가 최소 지난 800,000년 동안의 농도 중 최고치인 것이 분명하다.
- 어떤 에어로졸들의 농도는 산업 활동 때문에 증가하였다.
- 지구의 평균 표면 온도는 지난 세기에 약 0.8℃ 증가하였는데, 그 중 대부분이 대략 1920년과 1950년 사이와 대략 1975년 이후에 일어났다. 지금까지의 측정 기록에서 2016년이 가장 온도가 높고 2015년과 2014년이 가깝게 뒤따른다.
- 지구의 평균 해수면 높이는 1880년 이후 21센티미터 정도 증가하였고, 지난 10년 동안 2.5센티미터보다 조금 더

증가하였다. 하지만 해수면 상승은 세계적으로 균일하지 않고, 어떤 지역들에서는 더 빠르고 다른 지역들에서는 더 느리다.

● 북극 해빙의 연평균 지리적 규모는 1978년 위성 측정이 시작된 이후 15~20% 감소했다.

● 해수의 산성도는 산업 시대가 시작된 이래 약 30퍼센트 증가하였다.

● 현재 지구 평균 온도는 적어도 지난 500년 동안 온도 중 최고치이다.

● 지난 세기 동안에 일어난 지구 평균 온도의 변동성 대부분은 태양 방출량의 변동성, 주요 화산 분출들 그리고 인류에 의해 발생한 황산염 에어로졸과 온실가스 때문에 발생하였다.

● 지난 30년 동안 일어난 지구 평균 온도의 극적인 상승은 주로 온실가스 농도의 증가와 황산염 에어로졸 농도의 안정화 또는 작은 감소가 원인이다.

아래에 열거한 두 번째 범주의 결과들은 대부분의 기후 과학자들이 동의한다. (하지만 모든 기후 과학자들이 동의하는 것은 아니다.)

● 온실가스 배출을 줄이는 조치들을 취하지 않으면, 지구

기후 변화에 대해 우리가 아는 것들

평균 온도는 계속해서 증가할 것이다. 증가량은 불확실한 것들과 얼마나 많은 온실가스가 생성되는지에 따라 앞으로 100년 동안 1.4℃와 5℃ 사이가 될 것이다.
● 바닷물의 열팽창과 극지방 대륙 빙하의 융해로 인하여, 해수면은 앞으로 100년 동안 18~58센티미터 정도 상승할 것이다. 하지만 큰 대륙 빙하가 불안정해지면 해수면은 훨씬 더 많이 상승할 수도 있다.
● 강우는 더 강한 그러나 더 낮은 빈도의 호우로 계속해서 집중될 것이다.
● 홍수와 가뭄의 발생률, 강도 그리고 지속 기간은 증가할 것이다.
● 가장 강한 허리케인들의 빈도는 눈에 띌 정도로 증가할 가능성이 크고, 허리케인들은 더 많은 비를 뿌리고 그로 인한 더 많은 홍수를 일으킬 것이다. 허리케인 강도의 증가와 해수면 상승의 조합은 폭풍 해일로 인한 해안 침수의 증가를 예언한다.
● 해수의 산성도는 계속 증가할 것이다.
　우리가 온실가스와 에어로졸의 증가에 대해 확신할 수 있다고 하더라도, 그것들이 인류에 미치는 총체적인 영향을 추정하는 것은 기후 변화로 인한 손실과 이득에 대한 불확실한 추정치와 온실가스 배출을 축소하는 데 (즉 기후 변화를 막기 위해) 드는 비용을 비교해야 하는 대단히 복잡한 일이다. 우리는 어떤 변화들이 일어날지 결코 확신하지 않는다. 그리고 우리는 기후 이변을 경계해야 한다. 우리가 예상되는 기후 변화들이 일반적으로 유익할 것이라는 극단적인 견해를 취한다고 하더라도, 우리는 잠재적으로 유해한 이변들에 대비한 보호 수단으로 희생을 치르고 싶어 할지도 모른다.

7 우리가 선택할 수 있는 방안들

Our Options

지구의 기후 변화는 우리로 하여금 전례 없는 도전을 겪게 한다. 과학은 단지 온화한 기후부터 대재앙까지 폭넓은 범위의 가능한 결과들을 추정할 수 있을 뿐이므로, 사회는 기후 문제를 위험 평가 및 관리의 한 분야로 다루어야 한다. 한편으로 우리는 아무 것도 하지 않고 온화한 기후가 지속될 것이라는 요행수를 노릴 수 있다. 하지만 만약 우리가 틀리면 우리 손주들과 그들의 자손들은 막대한 문제들을 떠안게 될 것이다. 다른 한편으로 우리는 상당한 경제적 손실을 포함한 실질적인 희생을 치를 수도 있는데, 이러한 희생은 불필요했다고 나중에 입증될지도 모른다. 불행하게도, 기후가 어떻게 변하는지 살피기 위해 너무 오래 기다리는 것은 실행 가능한 방안이 아니다. 이는 일단 이산화탄소 배출을 멈추면 이산화탄소 농도가 정상으로 돌아오는 데 수천 년이 걸리기 때문이다. 기후 변화의 결과들이 모호하지 않게 확실해질 때쯤에는 거의 틀림없이 너

기후 변화에 대해 우리가 아는 것들

무 늦어서 잠재적으로 대단히 심각한 문제들에 대해 특별히 손쓸 방법이 없을 것이다.

과학자들, 공학자들 그리고 경제학자들은 단지 기후 변화라는 위험을 처리할 방안들을 만들 수 있을 뿐이다. 어떤 방안들을 조합하여 사용할 것인가를 결정하는 것은 사회 전체에 달려 있다. 이 결정은 굉장히 어려운데, 그 이유는 비용이 클 수 있고 그 비용을 내는 사람들이 자신들의 행위로 인한 이득을 가장 많이 얻을 가능성이 낮기 때문이다. 정말로 손주들 또는 그들의 자손들을 위해 의식적으로 희생을 감수하는 문명사회에 대한 역사적인 사례는 설사 있다고 하더라도 거의 없다.

기후 변화라는 문제를 처리하는 방안들은 세 가지의 폭 넓은 범주로 나뉜다. 세 가지 범주는 온실가스 배출을 줄이기 (완화), 결과들을 감수하는 법을 배우기 (적응), 그리고 온실가스가 일으키는 문제들을 해결하는 방법을 고안하기 (지구공학) 이다.

세 가지 범주 중에 완화가 기후에 미치는 영향이 가장 이해하기 쉽고 직접적인데, 이는 완화가 기후 문제의 근원을 자르기 때문이다. 비록 완화 방안들은 비용이 클 수 있지만, 그래도 일부 방안들은 실행할 가치가 있을지도 모른다. 예를 들어, 만약 고효율 자동차의 비싼 가격이 몇 년 동안의 연료비 절약으로 보상된다면, 소비자들은 더 많은 돈을 주고 고효율 자동차를 구입할지도 모른다. 마찬가지로, 에너지를 절약하도록 건물을 짓거나 보강하는 비용도 단기간에 냉난방비 절약으로 보상될지도 모른다. 이러한 에너지 절약 방안들은 온실가스 배출을 줄이는 데 도움이 될 뿐만 아니라 소비자들에게도 경제적으로 이득을 준다고 판명될 것이다.

하지만 중국과 인도 같은 개발 도상국들의 예상되는 경제 성장을 고려해 볼 때, 에너지 절약만으로는 온실가스 배출을 안전한 수준으로 감소시킬 수 없다. 우리의 경험이 분명하게 보여 주듯이, 빠른 경제 성장은 오직 1인당 에너지 소비량의 큰 증가와 함께 성취될 수 있다. 가난한 나라들의 고통스러운 빈곤을 완화하는 것이 대단히 바람직한 목표임은 물론이고 또한 인구 증가율의 감소를 위해 필요한 하나의 조건인 것 같다. 인구 증가는 총 에너지 소비량을 증가시키는 하나의 핵심 요소이다. 따라서 기후, 에너지, 빈곤 그리고 인구와 같은 세계적인 문제들은 불가분하게 연결되어 있다.

다행스럽게도, 탄소를 배출하지 않는 에너지 수단들이

기후 변화에 대해 우리가 아는 것들

준비되어 있다. 최근 수십 년간 태양광 발전과 풍력 발전의 성장은 참으로 인상적이었고, 수요가 증가하고 기술이 향상됨에 따라 이 에너지원들의 가격도 떨어졌다. 그럼에도 불구하고, 오늘날 태양광, 풍력 그리고 수력 발전은 단지 세계 전력의 8퍼센트만을 제공하고, 대부분의 에너지 전문가들이 믿는 바에 따르면 이 에너지원들은 본질적으로 간간이 전기를 생산하기 때문에 시장 침투가 30~40퍼센트로 제한될 것이고 이는 에너지 저장 및 전송 기술에 있어서 진정으로 획기적인 발전을 막을 것이다.

 원자력 발전은 세계 전기 에너지의 11퍼센트 정도를 제공하지만 현재 경수형 원자로에 전적으로 의존하고 있다. 경수로는 고압으로 가동되고 방사성 폐기물을 생성한다. 비록 그렇다 할지라도, 원자력 에너지는 인류가 지금까지 만든 에너지 가운데 단연 가장 안전한 형태의 에너지이다. 사망자 수를 전기 에너지 생산량으로 나눈 수치인 사망률을 비교해보면, 원자력 발전으로 인한 사망률이 태양광과 풍력을 포함한 다른 에너지원으로 인한 것보다 낮다. 사람들은 일본 후쿠시마 원자력 발전소에서 일어난 사고와 같은 사건들을 크게 문제 삼는다. 지진과 지진 해일로 인한 석유화학 사고들 때문에 많은 사망자가 발생하였지만, 후

우리가 선택할 수 있는 방안들

쿠시마에서 유출된 방사성 폐기물로 인한 사망자는 없었다. 정말로, 핵분열을 이용하는 원자력 발전이 화석 연료를 이용하는 화력 발전을 대체함으로써 180만여 명의 목숨을 구했다고 추정되는데, 이는 화석 연료의 연소가 많은 건강 문제들의 근원이기 때문이다.

이에 더하여, 경수로가 반세기도 더 전에 도입된 이후 원자력 기술은 상당히 향상되었다. 최신 원자로는 주위 압력인 대기압으로 가동되고 수동적으로 안전해서, 본질적으로 원자로의 노심이 녹아내릴 수 없다. 최신 원자로는 훨씬 더 효율적이어서 전력 생산량이 더 많고 방사성 폐기물이 훨씬 더 적게 생성된다. 최신 원자로를 이용한 원자력 발전은 태양광 발전이나 풍력 발전보다 훨씬 적은 땅을 필요로 하기 때문에 훨씬 환경 친화적이다. 또한 많은 새로운 원자로들은 아주 적은 냉각수를 필요로 한다.

스웨덴과 프랑스 같은 국가들에서의 실제 경험은 원자력 발전이 단지 15년 만에 전기 에너지의 많은 부분을 공급하도록 증가될 수 있다는 것을 보여 준다.[1] 지금 무엇보다도 부족한 것은 정치적 의지이다.

또 다른 완화 전략은 대기로 배출되는 배기가스에 함유된 온실가스 성분들을 포집하고 저장함으로써 배기가스의 영향을 줄이는 것이다. 오늘날 이러한 기술은 존재하지만 생산된 에너지 가격을 20~90퍼센트 증가시킬 것으로 추정된다. 기술 개발이 이러한 가격을 낮출지도 모른다는 희망이 있다. 화석 연료는 아주 풍부하고 저렴할 뿐만 아니라 화석 연료를 생산하고 유통시키기 위한 기반 시설이 이미 아주 많이 존재한다. 따라서 만약 경제적으로 실행될 수 있다면, 탄소를 그것의 근원이 되는 산업 시설에서 포집하는 것이 아마도 모든 해결책들 가운데 최선이다. 이산화탄소를 대기로부터 직접 포집하는 것도 가능하지만, 현재 이 방법은 훨씬 더 많은 비용이 든다. 이는 대기 중 이산화탄소 농도가 배출되는 곳에서의 농도보다 훨씬 낮기 때문이다.

 탄소 포집과 저장 그리고 더 높은 효율의 자동차와 건물을 포함한 완화 조치의 시행은 탄소세, 탄소 배출권 거래제, 그리고 무탄소 에너지에 대한 보조금과 같은 다양한 정부 정책에 의해 가속화될 수 있다. 그러나 이 점에서 배출을 줄이는 문제는 당파 정치와 가장 밀접하게 연관되어 있다. 언뜻 보기에는, 에너지 가격을 상승시키는 어떤 정부 정책이든 본능적으로 반대하는 사람들과 분명히 경제에 타격을 준다고 하더라도 배출을 줄이기로 작정한 사람들 사

우리가 선택할 수 있는 방안들

이에 공통점이 거의 없는 것처럼 보인다. 그러나 자세히 살펴보면, 우리가 화석 연료를 대체하는 데 실패하는 이유는 자유방임적 자본주의의 과도함뿐만 아니라 자유 시장에 대한 정부의 간섭임이 분명해진다. 미국 정부는 석탄, 석유 그리고 천연가스 산업에 매년 수십억 달러의 보조금을 제공한다. 이러한 보조금을 줄이거나 없애면, 시장에서 자유로운 경쟁이 허용될 것이고 대체 에너지원이 더욱 경쟁력 있게 될 것이며 에너지 회사들이 보다 깨끗한 대체 에너지를 개발하도록 동기 부여될 것이다. 자유 시장 주의는 사업체들이 사업 비용의 일부를 다른 기업들에게 떠넘기는 것을 허용하지 않는다. 그렇지만 석탄의 채굴과 연소로 인한 의료비만 해도 매년 650억~1850억 달러로 추정된다.[2] 현재 이 비용은 국민 건강 보험이 적용되는 납세자들과 개인 건강 보험에 가입한 납부자들에 의해 지불되고 있을 것이다. 진정한 자유 기업 체제에서는 모든 사업체가 사업과 관련된 내부 비용뿐만 아니라 외부 비용도 댈 것이다. 만약 에너지 산업이 그렇게 해야 한다고 하면, 보다 깨끗한 대체 에너지들도 자연히 선호될 것이다.

완화의 비용은 온실가스를 가장 많이 배출하는 국가들이 대부분 대야 하지만, 적응의 비용은 전 세계에 더 넓게 분포한다. 예를 들어, 저지대이고 11만 명이 약간 넘는 인구를 가진 태평양의 섬나라 키리바시는 해수면 상승으로 인해 위협받고 있고, 현 정부는 2020년에 전체 인구를 다른 섬나라 피지로 이주시키기 시작하기로 계획하고 있다.[3] 정반대로, 러시아와 캐나다 같은 국가들은 온도가 더 높은 기후로부터 이득을 볼지도 모른다. 그러나 대부분의 나라들은 기후 변화에 적응해야 할 것이고, 이러한 적응은 농작물 교체에서 방파제와 제방을 보강하기와 물과 식량의 수요와 공급이 변할 것에 대비한 계획을 세우기에 이르는 조치들을 수반한다.

핵심적이지만 복잡한 문제는 적응과 완화의 상대적인 비용과 이득인데, 이러한 비용과 이득은 상당한 불확실성이라는 환경에서 추정되어야 한다. 최적의 전략에는 의심의 여지 없이 일부 적응 방안과 일부 완화 방안을 같이 시행하는 것이 포함될 것이다.

세 번째 접근법인 지구공학은 온실가스로 인한 온난화에 능동적으로 대응하려고 한다. 지구의 온도 감소를 목표로 한 제안들은 지구 표면과 대기의 반사율을 증가시킴으로써 지구가 흡수하는 태양 복사의 총량을 제어하는 것에 주로 초점을 맞춘다. 인기를 얻고 있는 하나의 기술에는

우리가 선택할 수 있는 방안들

적당한 양의 황을 성층권으로 주입하는 것이 포함된다. 이러한 황의 주입은 황산염 에어로졸의 형성으로 이어지는데, 황산염 에어로졸은 햇빛을 반사시켜서 기후 시스템의 온도를 낮춘다. 이러한 기술은 오늘날 존재하고, 작은 나라 또는 심지어 부유한 개인이 해낼 수 있을 정도로 비용도 적게 든다.

그러나 태양 복사의 관리에는 많은 기술적, 법률적 그리고 정치적 문제들이 있다. 기술적 관점에서 보면, 대기 중 이산화탄소 농도를 낮추지 않은 채 평균 표면 온도를 (가령 위협적인 해수면 상승을 방지하는 정도의) 어떤 원하는 온도로 다시 낮추는 것이 기후 시스템의 다른 중요한 측면들을 필연적으로 바로잡지는 않을 것이다. 특히, (온실가스로 인한 온난화라는) 장파 복사의 영향을 (태양 복사를 반사시키는) 단파 복사의 조작으로 상쇄시키는 것이 온도 외의 다른 변수들을 필연적으로 복원시키지는 않는다. 예를 들어, 온도를 어떤 원하는 수준으로 다시 변화시키는 것은 거의 틀림없이 세계 강수량의 감소를 초래할 것이다. 게다가 태양 복사의 조작은 온실가스 배출의 가장 심각한 결과들 중 하나인 것으로 보이는 이산화탄소로 인한 해양의 산성화를 처리하는 데 아무런 도움이 안 된다. 더욱이

기후 변화에 대해 우리가 아는 것들

개인이든 국가이든 지구공학에 착수하는 어떤 독립체라도 대체로 발달되지 않은 법률 체계 안에서 그렇게 할 것이고, 이에 대해 법적 소송이 제기되거나 심지어 군사 행동이 벌어질 수도 있다. 이러한 모든 이유들 때문에, 지구공학을 연구하는 사람들 대부분은 지구공학을 개발되어서 우리 인류의 뒷주머니에 보관되어야 할 하나의 방안으로 여기고, 기후 변화의 영향이 재앙을 초래할 정도가 되어야만 이 방안이 시행될 수 있다고 생각한다.

8 지구의 기후 변화를 둘러싼 정치

The Politics Surrounding Global Climate Change

특히 미국에서, 지구의 기후 변화에 대한 정치적 논쟁이 몇십 년 전에 보수와 진보로 양극화되었다.

이제 우리는 이러한 양극화를 당연하게 여기지만, 왜 그런 결과가 발생했는지 분명하지 않다. 공화당은 환경 보호에 있어서 훌륭한 실적을 가지고 있다. 에이브러햄 링컨 대통령은 요세미티 계곡에 대한 권한을 캘리포니아 주정부에 이양했고, 리처드 닉슨 대통령은 환경보호국을 설립했고 청정대기법에 서명했으며, 로널드 레이건 대통령은 오존층을 보호하고자 했던 몬트리올 의정서를 강력하게 옹호하였고, 조지 허버트 워커 부시 대통령은 유엔 기후 변화 협약과 청정대기법의 역사적인 1990년 개정을 지지하였다. 보수주의자들이 좋아할 만한 다른 정책들과 조화를 이루는 기후 정책을 그들이 수용하는 것을 쉽게 상상할 수 있다. 보수주의자들은 보통 원자력 발전에 대한 강력한 지지자들이었고, 그들 대부분은 외국 석유에 대한 부분적인 의존에

만족하지 못한다. 보수주의자들은 화석 연료에 대한 보조금이나 석탄의 외부 비용을 건강 보험료에 포함시키는 것에도 만족하지 못한다. 기후 변화와의 싸움은 보수주의자들이 받아들일 만한 사업 기회들을 제공한다. 미국은 기술 혁신으로 유명하고 에너지 생산 기술에 있어서의 어떤 세계적인 변화이든 그것으로부터 수익을 올리는 데 유리한 입장에 있어야 한다. 경제가 급속히 성장하고 있는 중국에 고효율 자동차, 발전 기술 그리고 탄소 포집 및 격리 기술을 파는 일의 전망을 생각해 보길 바란다. 그러나 이 중에서 아무 것도 일어나지 않았다. 정말로, 공화당원들이 가지고 있는 일반적인 통념은 (비교적 중립적인 입장인) 기후 정책 제안들의 경제성에 이의를 제기하는 것으로부터 기후 과학 그 자체에 대한 갈수록 더 공격적인 회의론으로 최근 몇 년 사이에 바뀌었다. 2017년 미국의 파리 협정 탈퇴는 무탄소 에너지 측면에서 6조 달러 규모의 미래 시장을 중국에게 실질적으로 넘겨주었다. 이는 보수주의자들이 머지 않아 경제적 어리석음의 극치로 보게 될 행동이다.

 정치적 좌파에도 모순이 많이 있다. 온실가스 배출의 유의미한 감소를 위해서는 에너지 절약 조치뿐만 아니라 에너지 생산 방법의 상당한 변화가 필요하다. 그러나 좌파

지구의 기후 변화를 둘러싼 정치

는 원자력 발전과 같은 대체 방안들을 상당히 양면적인 태도로 보고 있고, 오직 소수의 환경주의자들만이 원자력 발전에 대한 자신들의 본능적인 반대를 다시 생각하기 시작했다. 만약 환경주의자들의 반대가 없었다면, 오늘날 미국은 프랑스처럼 대부분의 전기를 원자력으로부터 얻고 있을지도 모른다. 따라서 환경주의자들은 오늘날의 가장 심각한 환경 문제에 대한 어느 정도의 책임을 받아들여야 한다. 정말로, 본질적인 간헐성 때문에 에너지 수요의 일부분 이상은 충족하지 못하는 태양광과 풍력 에너지원들에 집중함으로써 환경 운동은 에너지에 대한 진지한 토론으로부터 주의를 돌리는 비생산적인 연극에 관여한다.

여기에서 주목해야 할 점은 새로운 원자력 기술의 개발 및 활용을 하지 않음으로써 선진국들이 역설적으로 세계를 더 큰 핵 테러 위험에 빠뜨리고 있다는 것이다. 러시아와 중국은 현재 오래된 경수 기술에 기초한 원자로를 건설하여 해외로 팔거나 임대하고 있는데, 이는 취약한 핵분열성 물질의 확산을 증가시킨다. 미국과 같은 국가들은 명령으로 이것을 막을 수 없지만, 더 안전하고 더 저렴해서 더 매력적인 대체 원자로를 개발하여 팔아서 러시아와 중국을 능가할 수 있다.

기후 변화에 대해 우리가 아는 것들

여기에서 중요한 교훈은 기후, 빈곤, 에너지, 국가 안전 그리고 국가 번영과 같은 세계적인 문제들이 긴밀하게 관련되어 있어서 더 이상 따로따로 고려될 수 없다는 것이다.

기후 연구는 특정 기업의 이익에 불리한 소비자 행동과 조절 행동을 초래할 수 있는 과학적 연구 결과들을 불신하게 만드는 고급 마케팅 기법의 이용이라는 방해 현상의 희생물이 되어 왔다. 이와 유사한 예를 들면, 흡연이 건강에 나쁜 영향을 거의 또는 전혀 미치지 않는다고 소비자들을 설득하고자 담배 업계가 벌인 캠페인은 크게 성공하였다. 그러한 캠페인들은 엄청난 규모로 의혹을 심으려고 과학자들의 애매모호한 기질과 저널리스트들의 논란을 불러일으키기 좋아하는 기질을 이용한다.[1] 알려진 위급함은 사회주의자 성향을 지닌 공상적 박애주의자들과 결탁한 부패하고 무능한 과학자들이 지어낸 것이라고 니코틴에 중독된 사람들을 설득하는 것은 어렵지 않음이 드러났다. 그 캠페인은 흡연이 암과 관련이 있음을 나타내는 1950년대 초반에 확실해진 과학적 증거에 대한 대중의 반응을 30년 정도 지연시켰다. 그렇게 함으로써, 흡연에 찬성하는 캠페인은 수백만 명의 목숨을 앗아갔다.

지구의 기후 변화를 둘러싼 정치

　기후 과학을 불신하게 만드는 캠페인은 적어도 1990년대 초반까지 거슬러 올라간다. 예를 들어, 1991년 웨스턴 연료 협회는 "소비자 기반의 미디어 인식 프로그램이 지구 온난화의 타당성에 관한 선택된 인구의 의견을 긍정적으로 변화시킬 수 있다는 것을 보여 주기 위해서" 환경 정보 위원회를 설립했다.[2] 그 위원회는 "그럴듯한 대변인이 반박의 여지가 없는 증거를 지구 온난화가 거짓이라는 주장과 결부시킴으로써 지구 온난화를 믿는 지지자들을 직접적으로 공격하고" "역사적 또는 신화적 사례로 기록된 완전히 암울한 상태와 지구 온난화의 비교를 통해서 지지자들을 공격하는" 광고 캠페인을 계획했다. 그 캠페인은 특히 나이가 더 많고 교육을 덜 받은 남자들과 더 젊고 소득이 더 적은 여자들을 대상으로 삼았다. 환경 정보 위원회의 지원을 받고 실시된 시장 조사는 대중들이 기술적인 자료들을 정치인들이나 업계의 대표들보다 신뢰한다고 시사했다. 그래서 환경 정보 위원회는 기후 변화가 심각한 위험을 초래한다는 견해에 대해 회의적인 과학자들을 찾으려 했다. 어떤 과학적 노력에도 독특하고 독립적인 과학자들이 항상 있고, 그들은 집단사고와 다른 위험들을 막는 데 도움이 되는 끊임없는 내부 성찰에 중요한 역할을 한다. 심각한 논

기후 변화에 대해 우리가 아는 것들

란이 있는 것 같은 착각을 일으키려고 과학 단체 외의 단체들이 이러한 과학자들의 의견을 더 자세히 전달하는 것은 어렵지 않다. 이 전략은 종종 균형으로 가장하는 논란을 좋아하는 저널리스트들의 기질에 크게 힘입어 주류의 기후 과학을 폄하하는 데 특히 성공적이었다.

과학적 연구 결과들에 의혹을 제기하는 데 성공적인 캠페인의 다른 전략으로는 불확실성을 무지와 합치기, 과학자들을 극단주의자들과 연관시키거나 그들의 의도에 의문을 제기하기, 국립 과학 아카데미와 같은 과학 단체들은 종종 틀리는 반면 독특한 과학자들은 종종 옳다는 몽상적인 생각을 주입하기 등이 있다. 대부분의 사람들은 자신들의 건강에 관한 한 세 명의 의사들에 찬성하여 의사 97명의 조언을 결코 무시하지 않을 것이다. 그러나 기후 과학의 영역에서는 마케팅의 경이로운 마력을 통해서 일부 사람들이 딱 그렇게 하도록 만드는 것이 가능하다.

기후 문제에 합리적으로 접근하는 데 다른 장애물들이 있다. 미국 의회에는 과학에 경험이나 관심이 있는 대표자들이 정말 거의 없고, 다른 대표자들 중 일부는 기후 문제에 대한 경멸을 적극적으로 드러낸다. 지구 온난화가 거짓이라고 믿는 제임스 인호프와 스콧 프루잇 같은 과학에 대해 잘 모르는 사람들을 우리가 계속해서 선출하고 임명하는 한, 정책 수준에서 지적인 토론을 하고자 하는 우리의 의지가 좌절될 것이다.

 긍정적인 부분을 보면, 많은 국가들의 정부가 계속해서 기후 연구의 자금을 지원하고, 기후 변화에 대한 대단히 중요한 많은 불확실성들이 천천히 줄어들고 있다. 극단주의자들은 폭로되어서 사이드라인으로 밀려나고 있다. 만약 언론이 그들의 견해를 증폭시키는 것을 중단하면, 그들과 대응 관계에 있는 정치인들에게는 아무 것도 남지 않을 것이다. 이런 일이 일어날 경우, 우리는 인류가 직면해 본 가장 복잡하고 아마도 가장 중대한 문제와 씨름을 벌이는 만만찮은 일을 시작할 수 있다. 그렇게 하는 과정에서, 우리는 여러 세대 동안 우리를 앞으로 나아가게 할 청정 에너지원들을 개발함으로써 경제와 환경 모두를 향상시킬 것이다.

옮긴이의 말

옮긴이가 미국에서 공부할 때였다. 매사추세츠 공과 대학의 케리 엠마누엘 교수가 브라운 대학에 방문하여 강의를 한다고 해서 친구와 같이 강의를 들으러 프로비던스로 곧장 간 경험이 있다. 엠마누엘 교수는 대기 과학계에서 권위 있는 과학자이고 특히 허리케인 연구에서 뛰어난 실력을 발휘했다. 엠마누엘 교수는 수많은 논문들을 발표했고, 《Atmospheric Convection》, 《Divine Wind: The History and Science of Hurricanes》, 《What We Know about Climate Change》 등의 책을 저술했다. 이 책은 《What We Know about Climate Change》를 우리말로 옮긴 것이다.

엠마누엘 교수는 학문적인 실력이 출중할 뿐만 아니라 자연 현상을 총체적으로 보는 안목이 뛰어나다. 이 책에서도 그의 뛰어난 안목을 엿볼 수 있다. 기후 변화를 고기후학, 지구화학, 기후 과학 등의 다양한 학문적 관점에서 살펴볼 뿐만 아니라 기후 변화가 사회에 미치는 영향, 기후

기후 변화에 대해 우리가 아는 것들

학계와 사회의 소통, 사회적으로 선택할 수 있는 대책들, 기후 변화에 대한 대응을 가로막는 정치적인 문제들 등 기후 변화와 관련된 여러 문제들을 이성적으로 살펴본다.

옮긴이는 이 책을 읽고 번역하면서 많은 것을 배웠다. 옮긴이는 일반 독자들뿐만 아니라 기후 과학자들도 이 책을 통해서 많은 것을 배울 수 있을 것이라고 생각한다. 이는 학문적인 실력 때문만이 아니라 엠마누엘 교수의 말처럼 과학의 궁극적인 목적이 사회에 기여하고 사회로부터 신뢰를 얻는 것이기 때문이다. 엠마누엘 교수는 이 책을 통해 독자들이 과학을 사회적 맥락에서 바라볼 수 있도록 해준다.

주

2장: 온실 효과

1. 한 가지 주의 사항은 지구를 온실에 비유하는 것에 결함이 있다는 것이다. 실제 온실의 주된 기능은 햇빛으로부터 흡수된 열이 지표면으로부터 멀리 복사되지 못하도록 하는 것이라기보다 대류성 기류에 의해 멀리 전달되지 못하도록 하는 것이다.

3장: 기후 문제는 왜 어려운가

1. 정말로, 기본적인 기후 물리학은 19세기 말에 잘 이해되었다. 1897년 스웨덴 화학자인 스반테 아레니우스는 대기 중 이산화탄소의 양이 두 배로 증가하면 지구의 표면 온도가 5~8℃ 증가할 것이라고 추정하는 논문을 발표했다.

2. 대륙 빙하의 형성과 용해 그리고 심지어 해양과 대기의 운동은 지구의 자전과 공전 궤도를 변화시키지만, 이러한 변화들은 너무 작아서 기후에 실질적인 영향을 주지 못한다.

4장: 인류의 영향은 어느 정도인가

1. 하키 스틱과 비슷한 형태를 보이는 지난 수천 년 동안의 온도 곡선은 인류에 의한 기후 변화의 상징처럼 되었고 많은 사람들로부터 강한 비판을 받았다. 그러나 근원이 되는 대용 자료들의 반복적인 분석은 온도 곡선의 하키 스틱 형태를 입증하였고 지난 100년 동안의 온난화가 이례적으로 두드러짐을 보여 주었다.

7장: 우리가 선택할 수 있는 방안들

1. Raymond Pierrehumbert, "How to Decarbonize? Look to Sweden," *Bulletin of the Atomic Scientists*, 72, no. 2 (2016): 105—111.

2. Paul R. Epstein, Jonathan J. Buonocore, Kevin Eckerle, et al., "Full Cost Accounting for the Life Cycle of Coal," *Annals of the NY Academy of Science* 1219 (2011): 73—98.

3. Alex Pashley, "Kiribati President: Climate-Induced Migration Is 5 Years Away," *Climate Home News*, February 18, 2016. http://www.climatechangenews.com/2016/02/18/kiribati-president-climate-induced-migration-is-5-years-away (accessed April 26, 2018).

주

8장: 지구의 기후 변화를 둘러싼 정치

1. 예를 들어, 브라운 & 윌리엄슨 담배 회사의 내부 문서인 "흡연과 건강 제안"(1969)에 따르면 "의혹은 우리의 상품이다. 의혹은 일반 대중의 마음 속에 존재하는 '사실의 몸체'와 경쟁하는 최고의 수단이기 때문이다. 그것은 또한 논란을 일으키는 수단이다." http://legacy.library.ucsf.edu/tid/nvs40f00 (accessed July 18, 2012).

2. Information Council for the Environment, "ICE Mission Statement," 1991. Archives of the American Meteorological Society, Boston, MA.

더 읽을 자료

Alley, R. B. *The Two-Mile Time Machine: Ice Cores, Abrupt Climate Change, and Our Future*. Princeton, NJ: Princeton University Press, 2014. 248 pp. 이 책은 우리가 그린란드와 남극 대륙의 빙하 코어 분석으로부터 지구의 기후 역사에 대해 알게 된 것들을 흥미롭게 다루고, 기후가 매우 급속하게 변할 수 있다는 것을 보여 준다.

Archer, D., and R. Pierrehumbert, eds. *The Warming Papers*. Chichester, UK: Wiley-Blackwell, 2013. 432 pp. 기후 과학 역사상 가장 중요하고 영향력 있는 논문들을 모아 엮은 훌륭한 책이다.

Archer, D. *The Long Thaw: How Humans Are Changing the Next 100,000 Years of Earth's Climate*. Princeton, NJ: Princeton University Press, 2016. 200 pp. 기후 과학과 그것이 기후와 인류의 장기적인 미래에 미칠 영향을 설득력 있게 개관한 책이다.

Diamond, J. *Collapse: How Societies Choose to Fail or Succeed*. New York: Penguin Books, 2011. 608pp. 우리 시대와 현재의 기후 문제라는 맥락 속에서 과거 문명들이 생태학적 위기에 어떻게 대처했는지 아니면 대처하지 못했는지에 대해 대단히 흥미롭게 설명하는 책이다.

기후 변화에 대해 우리가 아는 것들

Emanuel, K. A. "Climate Science and Climate Risk: A Primer," 2016. ftp://texmex.mit.edu/pub/emanuel/PAPERS/Climate_Primer.pdf. 인류에 의한 기후 변화의 증거를 포괄적으로 그러나 간단하게 개관하는 글이다.

Houghton, J. *Global Warming: The Complete Briefing.* Cambridge: Cambridge University Press, 2015. 396 pp. IPCC 보고서와 짝을 이루는 이 책은 기후 물리와 과거 기후를 포함한 기후 과학을 완전하게 개관하고, 기후 모델들과 그 모델들에 근거한 예상들을 유용하게 기술한다.

Houser, T., and S. Hsiang. *Economic Risks of Climate Change: An American Prospectus.* New York: Columbia University Press, 2015. 384 pp. 미국에서의 농업부터 범죄까지 많은 관련 분야에 걸쳐 기후 변화의 금전적인 비용을 경제적으로 자세히 분석한 책이다.

Intergovernmental Panel on Climate Change. "Climate Change 2013, the Physical Science Basis," 2013. https://www.ipcc.ch/report/ar5/wg1. 이 보고서는 기후 변화에 대한 이론적, 모의 실험적 그리고 관측적 증거를 포괄적으로 요약한다.

Keith, D. *A Case for Climate Engineering.* Boston: Boston Review Books; Cambridge, MA: MIT Press, 2013. 220 pp. 이 책은 지구공학을 통해 기후 변화를 완화하기 위해 제안된 기술들을 잘 요약하고, 우리의 상황이 나아지도록 이러한 기술들의 이용을 적어도 고려하는 것에 대해 설득력 있게 주장한다.

더 읽을 자료

Kolbert, E. *The Sixth Extinction: An Unnatural History.* New York: Picador, 2015. 336 pp. 이 책은 과거의 전 지구적 멸종들과 우리가 또 다른 그러한 멸종의 시대를 맞이하고 있다는 증거를 아주 흥미롭게 개관한다.

Nordhaus, W. D. *The Climate Casino: Risk, Uncertainty, and Economics for a Warming World.* New Haven: Yale University Press, 2015. 392 pp. 세계적인 경제학자가 왜 지금 행동을 취하는 것이 기다리는 것보다 결국 비용이 적게 들 것인가를 설명한다.

Oreskes, N., and E. M. Conway. *Merchants of Doubt: How a Handful of Scientists Obscured the Truth on Issues from Tobacco Smoke to Global Warming.* New York: Bloomsbury Press, 2011. 368 pp. 이 책은 기업들과 변절한 과학자들이 어떻게 고급 마케팅 기술을 이용하여 해로운 거짓말들을 퍼뜨리는가를 흥미롭게 설명한다.

Partanen, R., and J. M. Korhonen. *Climate Gamble: Is Anti-Nuclear Activism Endangering Our Future?* Helsinki: Viestintatoimisto Cre8 Oy, 2017. 132 pp. 이 책은 환경 운동가들이 벌인 원자력의 무서움을 알리는 캠페인과 이 캠페인이 어떻게 화석 연료를 무탄소 에너지로 대체하는 것을 방해하고 있는지를 기록한다.

Pierrehumbert, R. T. *Principles of Planetary Climate.* Cambridge: Cambridge University Press, 2011. 674 pp. 기후 과학에 대한 포괄적인 책으로서 대학원 신입생들을 대상으로 한다. 아주 철저한 이 책은 대학원 시작 단계에서 이용할 수 있는 최고의 교과서이다.

기후 변화에 대해 우리가 아는 것들

Sobel, A. *Storm Surge: Hurricane Sandy, Our Changing Climate, and Extreme Weather of the Past and Future.* New York: Harper Wave, 2014. 336 pp. 이 책은 지구의 기후 변화라는 맥락 속에서 허리케인 샌디에 대해 재미있지만 정신이 번쩍 들게 하는 설명을 한다.

기후 변화에 대해 우리가 아는 것들

초판 1쇄 발행일   2021년 11월 18일

글쓴이   케리 엠마누엘
옮긴이   에이치브이시뮬 편집부
발행인   에이치브이시뮬 편집부
발행처   에이치브이시뮬 (HV SIMUL)
출판등록   2019년 11월 13일
출판등록번호   제25100-2019-000011호
주소   전라북도 익산시 약촌로 174 지식산업센터 610호
전화   063-856-3337
팩스   050-4020-0052
이메일   hvsimul@naver.com
홈페이지   https://www.hvsimul.com

ISBN 979-11-968909-2-6 (03450)

값 10,000원

이 책은 저작권법의 보호를 받는 저작물입니다. 무단 전재 및 복제를 금합니다.